영화를 함께 보면 아이의 숨은 마음이 보인다

영화를 함께 보면 아이의 숨은 마음이 보인다

차승민 지음

전나무숲

선생님은 내 마음속 단 한 분의 은사이시다. 교탁에 서서 판서를 하시며 교과서를 읽는 게 아니라 어딘가에 자유롭게 걸터앉아 수업을 하시고, 일방적인 전달이 아닌 대화와 토론을 유도하며, 교과서 속 내용이 일상에 어떻게 대입되는지를 알려주셨다. 아직도 기억에 남는 것이, 사회 시간에 공동체를 영화 〈해리포터〉에 대입해 설명하시고 함께 토론한 것이다. 덕분에 지루할 뻔했던 사회 수업이 아주 재미있었다.

— 최희훈(제자, 한국교원대학교 초등교육과)

선생님은 우리에게 야단을 치기보다는 칭찬과 격려를 많이 해주셨고, "넌 할 수 있어. 한번 해보렴"이라는 말로 자신감을 심어주셨다. 특히 영화를 통해 '삶'을 생각하고 '의미'를 찾아낼 수 있게 해주셔서 우리는 풍부한 감수성을 길렀고, 사고력도 확장할 수 있었다.

— 김하은(제자, 고려대학교 미디어학부)

만일 교사 차승민이 성장 과정이 반듯하고 모범적이며 체계적인 학습과정을 밟아 이 자리에 서게 된 사람이라면 나는 이 글을 쓰지도 않았을 것이다. 어설프게 시작한 영화 수업과 정리되지 않은 삶의 조각들을 모아 이제는 진정한 교사로 우뚝 선 그는 상처받은 누군가를 쓰다듬을 줄 아는 보배로운 재원이 되어 있다. 나는 원래 지적인 사람을 좋아하지만 차승민 교사를 만나면서 생각이 달라졌다. 무겁게 혼자 눌러쓰고 있는 지성보다 비록 하찮게 보이는 사소한 정보라도 지인들과 가볍게 대화를 나누며 기꺼이 공유하는 그의 모습이야말로 진정한 소통이며, 인간에 대한 사랑의 실천이 아닐까.

— 이인숙(교사, 양산삼성중학교)

3학년 때 왕따를 당한 경험 때문에 4학년이 되어 새로운 친구들을 만나는 것에 겁이 났다. 하지만 차승민 선생님은 영화 수업을 통해 친구들과 함께 웃고 울며 이해하도록 해주었고, 덕분에 친구에 대한 따뜻한 마음도 되찾을 수 있었다. 힘든 마음을 영화로 치유해준 선생님이 무척 고맙다.

– 전가예(제자, 고등학생)

선생님은 항상 우리에게 교과서 이상의 것을 가르쳐주시고 우리가 스스로 생각하게끔 이끌어주셨다. 그중 영화 수업은 어리고 철없던 우리를 성장시키고자 한 선생님의 관심과 사랑이었다. 앞으로 이런 분을 다시 만날 수 있을까?

– 김동환(제자, 인천대학교)

처음 영화 수업을 했을 때, 영화를 본 느낌을 글로 쓰고 이야기하라고 하셔서 난감했다. 하지만 영화 수업을 하는 토요일마다 생각이 조금씩 자라 이제는 영화를 통해서 감동을 느끼고 이에 대해 글을 쓰는 것이 재미있다. 영화 수업이 없었다면 글쓰기 실력이 지금처럼 늘지 못했을 것이다.

– 김혜인(제자, 칠원중학교)

큰딸은 4학년 때, 막내딸은 1학년 때 차승민 선생님이 담임이었다. 사춘기라는 어려운 관문과 1학년이라는 새로운 시작을 영화라는 매개체를 통해 물 흐르듯 자연스럽게 보내게 해주셨다. 그 고마움은 큰딸이 고등학생이 된 지금도 잊지 못한다.

– 이미영(학부모)

1998년에 임용고시에 합격하고 바로 초등학교로 발령을 받았다. 첫해에도, 두 번째 해에도, 세 번째 해인 2000년에도 6학년 담임을 맡았다. 그런데 나는 처음부터 교사로서의 사명감과 교육자적 신념이 투철한 모범교사가 아니었다. 천신만고 끝에 교육대학에 입학하고 우여곡절 끝에 졸업해 교사가 되었지만, 능력과 재능이 뛰어난 동료와 선후배 교사들 사이에서 눈앞의 문제를 해결하는 것만도 벅찼다. 하지만 어느 순간, 나의 말과 행동 하나하나를 의미 깊게 생각하는 아이들의 눈빛을 보면서 교육자로서의 사명감을 느끼고 수업 하나하나에 공을 들이게 되었다.

그런데 2000년에 교사로서의 첫 번째 고비가 왔다. 아이들이 마음에 들었고 교육에 대한 열정도 높았던 때라 혼신의 힘을 다해 아이들을 가르쳤다. 학부모들에게 학원에 안 가도 될 정도로 공교육이 좋다는 걸 보여주고 싶어 진도를 빨리 나가고 남은 수업 시간에는 문제풀이를 열심히 했다. 아이들의 사적인 문제와 교우 관계에도 깊숙이 관여해서 '착한 사람', '바른 사람'이 되라고 입이 아프도록 잔소리를 했다. 그것이 진정한 교육이라고 철석같이 믿었다.

　그런데 건우(가명)라는 아이가 자꾸 신경이 쓰였다. 평소 장난을 많이 치고 성적도 하위권인 데다 툭하면 싸우고 말썽을 피우는 녀석 때문에 회초리를 여러 번 들고 혼도 많이 냈다. 항상 불만이 있어 보이는 건우의 눈초리도 마음에 들지 않았다.

　그러다 사고가 났다. 복도에서 건우를 포함해 남자아이 셋이 야구를 하다가 포수를 보던 아이가 공에 눈이 맞아 각막이 찢어졌다. 급히 병원에 가서 치료를 받고 와서는 세 아이를 불러 혼내면서 어떻게 된 일인지, 왜 그랬는지를 물었다. 특히 건우를 심하게 다그쳤다.

　"어떻게 된 거야? 왜 그랬어?"

　건우는 아무 말도 하지 않았다. 나는 건우가 친구를 다치게 했다고 확신하고 건우 부모님께 전화를 걸어 "앞으로 이런 일이 없도록 가정에서 잘 지도해달라"고 얘기를 했다. 그리고 나머지 두 아이들의 부모님들께는 사정을 설명하고 "앞으로 이런 일이 없도록 학교에서 잘 보살피겠다"고

했다.

　그렇게 사건이 원만하게 해결된 줄 알았다. 그런데 며칠 뒤, 건우가 가해자가 아니었음을 알게 되었다. 건우 아버지는 불같이 화를 내며 항의했다. 건우에게 물어보니 "선생님이 너무 무섭게 다그쳐서 아무 말도 할 수 없었다"고 했다. 건우 부모님께도 건우에게도 너무나 미안했다. 그 날, 길거리에 쓰러질 만큼 엄청나게 술을 마셨고 서럽게 울다 친구의 등에 업혀 집으로 왔다.

　그 뒤로 며칠 동안 고민을 거듭했다. 그동안 아이들의 성적을 올려주기 위해 많은 것을 가르치려 애썼고 바른 길로 이끌기 위해 강압적인 방법도 마다하지 않았다. 그렇게 하는 것이 교사의 마땅한 도리라고 생각했었다. 그런데 정작 아이들은 선생님의 방식이 따라가기 힘들어도 선생님의 권위에 눌려 표현 한번 제대로 하지 못했던 것이다. 교육자로서의 사명감에 도취되어 교육에서 가장 중요한 아이들의 속마음을 보지 못하고 있었다는 생각에 한없는 죄책감이 들었다. 이후로 나의 열정은 방향을 잃고 말았다.

　2001년에도 6학년을 맡았다. 6학년 담임을 연이어 맡다 보니 교육과정에 대한 부담은 없었지만 그 전해와는 마음가짐이 많이 달랐다. 빨리 그리고 많이 가르치려 애쓰기보다는 아이들과 즐거운 시간을 보내자는 생각이 더 강했다.

　그래서 40분 수업 중에서 교과서 수업은 20~30분 만에 끝내고 남는 시간엔 재미난 이야기를 하면서 아이들의 긴장을 풀어주었다. 진도가 빠르다 싶으면 체육시간이 아닌데도 운동장에 나가서 공을 차거나, 학교 뒤편에서 아이들과 함께 라면을 끓여 먹었다. 그것도 지겨워지면 실과 실습을 구실 삼아 아이들을 데리고 야외로 나갔다. 그러다 보니 7월 말에 끝내야 하는 학습 진도를 6월 중순에 다 끝냈다. 핵심만 정리해주니 별로 할 것이 없었다.

그렇게 한 달 정도 쉬는 시간이 주어졌다. 작년 같았으면 이 기간에 교과 내용을 한 번 더 정리하고 아이들을 다그치면서 학습력 향상에 열정을 쏟았겠지만 이번에는 그렇게 하기 싫었다.

그래서 일주일 단위로 '체육 주간', '독서 주간'을 만들어 체육 주간에는 죽어라 축구와 피구를 하고, 독서 주간에는 집에서 책을 가지고 오라고 해서 읽게 했다. 그래도 심심해서 영화 주간을 만들어 일주일 내내 영화를 보았다. 로빈 윌리엄스 주연의 〈잭〉, 톰 행크스 주연의 〈빅〉, 더스틴 호프만 주연의 〈리틀 빅 히어로〉처럼 내가 봤던 영화들 중에서 아이들이 볼 만한 것들을 골라 함께 봤다. 영화를 보고 난 후에는 아이들과 함께 영화 내용과 인물에 대해 이야기하면서 하루를 보냈다.

그런데 체육 주간, 독서 주간 때와는 아이들의 반응이 달랐다. 우선, 아이들의 몰입도가 놀라울 정도로 높았고, 평소 수업할 때와는 달리 열의가 넘쳤다. 웃다가 울다가, 아이들은 느끼는 대로 표현했다. 중간중간 아이들이 이해하기 힘들어하는 장면에 대해서는 배경지식을 설명해주니 딴짓하는 아이 하나 없이 모두 영화에 집중했다. 영화를 다 본 뒤에는 영화 내용을 소재 삼아 아이들과 이야기를 나누었다. 그랬더니 평소 발표를 하지 않던 아이들도 곧잘 의견을 이야기했다. 편안한 분위기에서 자유롭게 이야기를 나누다 보니 아이들은 자신의 속마음을 영화 속 등장인물들에 대입해 조금씩 보여주기 시작했다. 같이 이야기를 나누는 나도 덩달아 신이 났고, '영화를 수업에 활용해도 되겠구나' 싶은 생각이 들었다.

그 때부터 아이들과 함께 볼 영화를 선별하기 시작했다. '영화 = 오락물 혹은 심심풀이 도구'로 생각했던 나였지만, 가끔 보던 영화를 매일같이 보고 새로 개봉한 영화도 빠짐없이 보면서 '아이들이 보면 어떨까?', '영화를 보고 나서 어떤 이야기들이 오가게 될까?', '아이들이 이 영화를 보면 어떤 생각을 하게 될까?'를 고민하게 됐다. 그리고 실제 재량수업 시간에 그 영화들을 가지고 수업을 했다.

그런데 영화 수업이 거듭될수록 부수적인 성과들이 생겨났다. 자세히 알지 못했던 아이들의 생각이 들리기 시작했고, 말썽쟁이들의 상처투성이 마음이 보였다. 아이들은 영화 속 인물들을 통해 자기 자신을 들여다보고 다른 사람의 입장도 이해할 줄 알게 되었다. 그리고 신기하게도, 영화를 함께 보며 울고 웃고 감상을 이야기하는 동안 감정이 치유되는 엄청난 힘도 느꼈다. 그뿐이 아니다. 반복학습으로만 향상될 줄 알았던 사고력, 표현력, 논술력이 감상평을 말하고 쓰고 발표하고 토론하는 과정에서 자연스럽게 자랐다. 어렵게만 생각됐던 예술세계에도 영화를 바탕으로 접근해 갈 수 있었다. 무엇보다 아이들의 표정이 밝아지고 행복해졌다.

요즘 청소년들의 학교폭력과 따돌림(왕따), 자살 문제로 사회가 떠들썩하다. 교육 현장에 있는 현직 교사인 나는 학교폭력 문제가 비단 아이들만의 문제가 아니라고 생각한다. 가해 아이들의 마음을 들여다보면 부모의 사랑을 갈구하거나 가정환경에 대한 불만과 화가 쌓이고 쌓여 그것을 폭력의 형태로 분출하는 경우가 많다. 그 아이들이 일을 저지르기 전에 상처 나고 황폐해진 마음을 어루만져준다면 어떨까? 아이들이 이미 학교폭력이라는 무시무시한 일을 저지른 뒤에 제재를 하고 처벌을 하는 것은 문제 해결에 아무런 도움이 되지 않는다. 아이들의 마음이 황폐해지기 전에 그들의 진심을 들어주고 상처를 보듬어주고 공감을 해준다면 사춘기를 무사히 지낼 수 있음은 물론 학교폭력이나 왕따, 자살을 선택할 가능성도 줄어들 것이다.

10년 넘게 영화 수업을 해온 나는 영화 수업이야말로 학교폭력을 예방할 수 있는 가장 즐겁고 효과적인 대안이라고 생각한다. 이는 영화 수업에 참여한 아이들의 표정 속에서 얻은 답이기도 하다. 유아기부터 영화 수업을 꾸준히 해나간다면 마음속에 응어리가 쌓일 일도, 부모나 선생님과 소통이 안 돼 혼자서 답답해할 일도 적어질 것이다.

이 책에는 15년간 현장에서 느낀 교육의 현실과 그에 대한 반성은 물론, 내가 느낀 요즘 아이들의 마음이 표현되어 있다. 또한 10여 년 동안 교육 현장에서 검증한 영화교육의 효과, 영화 감상 지도 노하우, 난이도별 영화 목록과 지도 가이드까지 고스란히 담겨 있다. 성적만 신경 쓰다가 어느 틈에 자녀의 마음을 놓쳐버린 부모라면 '영화 함께 보기'라는 새로운 소통의 도구를 발견하게 될 것이고, 아이들을 행복하게 할 교육 교재를 찾는 교사라면 신선하고 독창적인 영화 수업 방식을 당장 수업에 적용하고 싶어질 것이다.

이 책을 통해 아이도 부모도 교사도 웃음을 되찾고, 이 사회도 즐거운 교육이 실현되기를 바란다.

2013년 2월 차 승 민

차 례

Part 01 자꾸 어긋나는 교육 퍼즐, 어디서부터 잘못된 것일까?

퍼즐 해결의 실마리,
영화에서 찾다

Part 03 영화를 함께 보기 전에 꼭 알아야 할 올바른 초등생 자녀 교육법

사춘기가 빨라졌다!
아이의 이성 관계, 학교폭력 대처법

Part 05 거침없이, 아이와 함께 영화 속으로!

지도 사례 &
난이도별 영화 목록 53편

Part 01

자꾸 어긋나는 교육 퍼즐, 어디서부터 잘못된 것일까?

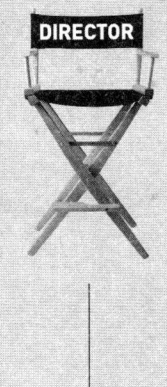

교사생활을 15년 넘게 하다 보니
우리 교육계의 실태가 한눈에 들어온다.
아이를 중심으로 부모와 교사, 정부가 균형을 맞춰
한 방향을 보는 것이 가장 이상적인데
현실은 제각기 원하는 방향만 보고 있다.
어디서부터 잘못된 걸까? 어떻게 해야 할까?
아이들, 부모, 교사… 각자의 현재 모습을 돌아봄으로써
그 해답을 찾아보자.

성적의 굴레에 갇혀 옴짝달싹 못하는 아이들

요즘은 한 집에 자녀가 한둘이어서 아이들은 과도한 사랑과 보호, 기대를 받고 자란다. 이런 아이들 중에는 자기중심적이다 못해 저 혼자 공주, 왕자인 아이들도 많다.

그와 반대로, 부모가 먹고살기 바빠 마땅히 받아야 할 최소한의 관심조차 받지 못하며 자라는 아이들도 많다. 이런 아이들은 대부분 위축되어 있고 소심하며 자신감과 자존감이 부족하다. 몇몇 아이들은 사랑받지 못한 불만을 속으로 삭이다 폭발시키기도 한다.

교실은 이렇게 서로 다른 배경과 성향을 지닌 아이들이 매일매일 부딪히며 서로 영향을 주고받는 곳이다. 그렇지만 이 아이들에게 공통적으로 주어지는 형벌 같은 굴레가 있다.

"남들보다 잘해야 해."

"만날 놀기만 할 거야? 공부 안 할래?"

"성적이 이게 뭐야!"

"좋은 대학 가야 성공한다."

아이들은 자신의 뜻과 상관없이 '경쟁을 위한 공부'를 위해 학교와 학원으로 내몰리고 있다. 정작 살아가는 데 무엇이 가치 있고 의미 있는 것인지는 배울 기회조차 갖지 못한 채 경쟁에 필요한 지식을 꾸역꾸역 채워 넣기에 바쁘다. 자존감, 배려, 양보, 용기, 공동체의식 같은 것은 도덕 교과서에서나 보는 말일 뿐 나와는 상관없는 것이라 생각한다.

그렇게 공부와 경쟁에 시달리면서도 왜 공부하고 경쟁해야 하는지도 잘 모른다.

"엄마가 하라고 했어요."

"성적이 오르면 휴대폰 사준다고 했어요."

"성적이 잘 안 나오면 혼나요."

제우스를 속인 죄로 시시포스가 영겁의 형벌을 받듯이 날마다 공부와 경쟁에 내몰리는 아이들이 받는 스트레스는 엄청나다. 학교도, 부모도, 교사도 정작 아이들의 마음속은 들여다보려 하지 않고 성적으로만 아이를 평가한다. 그러다 한 아이가 거칠게 행동하고 크고 작은 문제라도 일으키면, 더구나 그 아이의 성적이 중위권 이하라면 거침없이 '문제아'라고 몰아붙인다. 그렇게 행동한 이유는 알아보려고도 하지 않고….

과연 아이들에게 생긴 문제를 아이들만의 잘못이라고 할 수 있을까? 학교폭력 대책이라는 명분으로 문제를 일으킨 아이는 학교에서조차 격리시키고 일벌백계로 다스리는 것이 정답일까? 물론 몇몇 심각한 문제상황은 법에 따라 처리할 필요도 있다. 하지만 대다수 아이들을 보호한다는 명분으로 작은 문제를 일으킨 아이들조차 잠재적 가해자로 낙인찍는 현실이 침통할 뿐이다.

혹시 오늘 아이에게 이런 말로 상처를 주지는 않았는지 떠올려보자.

"네가 뭘 알아?"
"네가 힘든 게 뭐가 있어? 부모가 다 해주는데…. 넌 호강하는 줄 알아."
"어린 게 어디서 버릇없이…."
"시끄러워! 내가 안 된다고 했잖아!"
"공부나 열심히 해. 딴생각하지 말고."
"너 때문에 내가 얼마나 힘든 줄 아니?"

아이들을 잘 키우려고 많은 노력과 돈을 투자하는데도 정작 그 대상인 아이들은 방황하고 있다.

불안과 욕망이
교차하는 부모

　그러면 부모들은 어떠할까? 부모 역시 아이들만큼이나 행복하지 못
하다.

　부모들은 우리 아이가 학교에 가서 별 탈 없이 잘 지내는지 무척 궁금
하다. 그리고 혹시라도 아이가 따돌림이나 학교폭력에 시달리지는 않을
까 노심초사하며 '우리 아이만은 아무 일 없이 잘 자라주었으면…' 하고
바란다. 그리고 한편으로는 온갖 학습물로 아이를 무장시킨다.

　부모들이 이렇게 안절부절못하는 데는 이유가 있다. 이 살벌한 무한경
쟁 사회에서 낙오하지 않고 번듯하게 살게 하려면 남들만큼은 가르쳐서
일류 대학에 보내야겠고, 왕따·학교폭력과 같은 무서운 일들도 피해야
하기 때문이다.

　부모들과 상담을 할 때면 그러한 마음을 그대로 읽을 수 있다. "우리

아이가 왕따를 당하지 않게 잘 봐주세요", "나쁜 친구들과 친해지지 않도록 해주세요"라고 말하다가도 "우리 아이가 다른 아이들보다 뛰어나니 잘 보살펴주세요", "우리 아이가 잘하는 게 ○○이니 그 재능을 집중적으로 키워주세요"라고 이야기한다.

이러한 부모의 욕망은 아이들에게도 고스란히 전달된다. 특히 부모가 눈에 보이는 결과인 성적에 신경을 쓰니 아이도 자연스레 성적에 부담을 갖는다.

이런 일이 있었다. 공부를 꽤 잘하는 한 녀석이 시험 기간만 되면 안절부절못했다. 사실 나는 기본학력 부진아 판별 기준인 60점 아래가 아닌 이상 아이들의 성적에는 크게 신경 쓰지 않는다. 초등학교 성적이 70~100점인 아이들의 수준은 거의 비슷하기 때문이다. 하지만 아이들의 생각은 다르다. 아무리 담임이 성적에 대한 압박감을 주지 않아도 아이들 스스로 압박을 받는다. 그 이유는 다음 대화를 보면 금세 알 수 있다.

선생님 : 몇 점이면 만족하겠어?
학생 A : 평균 95점은 넘어야 해요.
선생님 : 그건 너무 높은데… 평균 95점이 되려면 과목당 하나 이상 틀리면 안 되잖아?
학생 A : 그 정도는 해야 나중에 좋은 대학 간대요.

시험을 친 A는 원하던 대로 평균 95점의 성적을 얻었다. 그러나 성적을 발표하고 난 다음날에도 A는 그리 즐거워 보이지 않았다.

선생님 : 왜 그래? 원하는 점수가 나왔잖아. 집에서 칭찬받지 않았니?

학생 A : 시험 점수를 말씀드리니까 너보다 더 잘한 사람은 몇 명이냐고 물으셨어요.

어제 시험 점수를 받고 들떴던 아이의 얼굴에 허탈한 수심이 묻어났다. '아무 탈 없이 튼튼하게만 자라다오'라고 기도하던 부모의 첫마음이 '우리 아이가 남보다 더 잘해야 한다'라는 욕망과의 경주에서 진 결과다. 나 또한 한 아이의 부모로서 그러한 부모들의 마음은 충분히 이해할 수 있다.

그런데 공교육에 대한 불신과 우리 사회에 대한 불안감, 경쟁에서 이겨야 한다는 압박감에서 비롯된 부모들의 욕망이 우리 아이들을 점점 더 외롭게 만든다는 사실을 아는가? 아이들이 무엇을 원하고 어떤 생각을 하는지에는 관심을 기울이지 않은 채 아이들에게 돈과 성공에 대한 욕망만을 심어주는 것이 2013년 대한민국에 사는 대다수 부모들의 모습이다.

행정 처리에
지쳐가는 교사들

마치 첫사랑을 고백하던 날처럼, 처음 학교를 배정받고 부임해서 첫 수업을 하던 날의 설레고 가슴 벅찬 느낌을 지금도 생생히 기억한다. '좋은 선생 혹은 착한 선생이 되어야지, 아니 최소한 나쁜 선생은 되지 말아야지' 하고 다짐했던 날…. 아마 다른 교사들도 그날에 대한 기억은 각별할 것이다.

하지만 그러한 다짐이 깨지는 데는 그리 오랜 시간이 걸리지 않았다. 아이들을 올바르게 가르치려는 열정으로 가득한 교육자들이 모인 학교를 꿈꿨건만 현실은 그것이 단지 꿈일 뿐이라는 것을 일깨워줄 뿐이다.

1996년에 제대해서 1998년에 초임 발령을 받은 나는 시간이 갈수록 학교가 군대와 매우 비슷하다는 생각을 하게 되었다. '중간만 해라' '튀지 마라'가 아이들에게 해줄 수 있는 가장 좋은 조언이었고, 말썽 부리고 애

먹이는 아이들을 지도할 때는 군대에서 배운 방법이 제격이었다. 수업은 대충 해도 되지만 교육청에 발송할 공문은 아주 꼼꼼히 작성해야 하는 현실, 이해할 수 없는 정책을 듣고도 "왜 그래야 하나요?"라고 물어볼 수 없는 분위기는 교육에 대한 열정까지 식게 만들었다.

교실에서 아이들의 눈동자를 보며 '이러면 안 되지' 하고 마음을 고쳐 먹지만, 아무리 열심히 지도해도 그때뿐인 아이들과 생활을 하다 보면 진이 다 빠졌다. 그러다 학부모가 항의 전화를 하거나 화난 얼굴로 학교에 찾아오기라도 하면 자존심이 구겨질 대로 구겨졌다. 그럴 때마다 주변에서는 위로를 건네기는커녕 '그것 하나 제대로 처리하지 못하고 학교를 시끄럽게 만드나'라는 힐난의 시선을 보냈고, 그 시선은 나에게 엄청난 상처로 남았다.

교장, 교감 선생님은 대하기 어렵고, 학부모와는 말이 안 통하고, 아이들은 막무가내이고, 거기다가 매일 처리해야 하는 일들은 뭐가 그렇게도 많은지…. 그런 일이 몇 번 반복되고 나니 '난 정말 무능한 선생일까?' 하는 생각이 머릿속에 맴돌면서 아이들을 가르치는 것이 점점 자신 없어졌다. 그렇다고 누구한테 하소연할 수도 없었다. 답답한 마음에 '내가 이럴려고 교사가 됐나?'라고 회의하며 매일매일 지친 몸과 마음을 추스르기에 바빴다. 나의 개인적인 경험이지만, 이렇게 교육 현장에서 무기력해지는 교사들이 점점 늘어나고 있는 게 현실이다.

행정기관으로 변해버린 학교

교사가 아침에 출근해서 가장 먼저 하는 일은 무엇일까? 아마 대부분의 초등학교 교사는 교무실에서 컴퓨터를 켜고 학내 메신저의 알림사항을 점검한 후 인터넷에 접속해 업무 포털에 있는 교무학사 시스템(NEIS), 업무관리 시스템, 행·재정 시스템에 있는 할 일을 정리할 것이다. 오늘날 대한민국의 학교는 교육기관이라기보다는 행정기관에 가깝다. 행정기관 중에서도 말단 행정기관이다. 끊임없이 잡다한 일들을 지시받고 처리해야만 한다.

내가 근무하는 학교의 학급 수는 24개로, 적정한 규모다. 2011년 한 해만 보면 총 6391건의 공문이 접수되고, 그중 내부 기안은 5466건이며, 발송된 공문은 914건에 이른다. 물론 교사들이 직접 처리하는 건수는 절반 정도이고 나머지는 행정실에서 처리한다. 공문은 간단한 통계를 내는 것에서부터 각종 계획서, 보고서, 행사협조요구서, 지시사항, 국회나 도의회 요구 자료 등 다양하다. 이런 공문으로 인해 처리해야 할 일들이 생겨나고 그것은 각 업무 담당자인 교사들의 업무가 된다.

그렇다고 교사들이 행정 처리만 하는 것은 아니다. 10개 교과의 지도와 창의적 재량활동 등으로 1년에 적게는 830시간, 많게는 1100시간 정도의 학년별 수업시간이 잡혀 있으며, 체육대회·과학경시대회·미술실기대회 등 각종 대회에 참가하는 학생들도 지도해야 한다. 이러한 일들을 모두 다 하려면 학교는 행정기관에 가깝게 돌아갈 수밖에 없다. 과거보다 학급당 학생 수가 줄고 업무 처리 방식이 간소화되었다지만 줄어든 일보다 새로 생긴 일이 더 많고, 학교의 자율책무성이 강화되면서 더욱더 행정 업무에 신경을 쓸 수밖에 없는 구조적 모순이 생기고 말았기 때문이다.

교직원의 늘어난 업무량에 비례해 아이들과 학부모의 만족도가 높아졌는지는 의문이다. 이대로는 안 될 것 같다. 불안하다. 교사들도 이런 불안함을 이겨낼 방법을 찾으려 발버둥치지만 뾰족한 방법이 아직 나오지 않고 있다.

어긋난 교육 퍼즐을 맞춰가는
작은 노력, 함께 영화 보기

　바람직한 교육, 올바른 교육이란 과연 어떤 것인지 초등교육의 최전선에 있는 나조차도 헷갈린다. 어쩌면 우리는 지금 사회와 어른들의 욕망을 '교육'이라는 이름으로 아이들에게 주입하고 있는 것은 아닐까?

　요즘 많은 사람들이 왕따와 학교폭력을 걱정한다. 그와 관련해 정부에서는 2012년 초 '학교폭력 근절 종합대책'을 내놓았지만 올바른 교육적 해법이 아니다. 그것은 시들고 불량한 콩나물, 그러니까 문제를 일으킨 학생을 잠재적 범죄자로 보아 솎아내는 것에 지나지 않는다. 어지럽게 얽힌 교육 문제를 푸는 일은 아이들의 마음을 이해하는 것에서부터 시작해야 하는데, 문제가 생긴 뒤에 처벌만 하고 있으니 근본적인 해결이 되지 않는 것이다.

교육은 콩나물을 기르듯이 해야

'누구 잘못일까?'

'이게 다 ○○ 때문이야.'

이렇게 문제를 인식하고 해결하려고 해서는 이리저리 얽힌 교육 문제를 풀어갈 수 없다. 복잡하고 어려운 문제일수록 단순하고 간단하게 생각하면 의외로 쉽게 풀릴 때가 많다.

나는 교육을 '콩나물 기르기'와 같다고 생각한다.

물에 불린 콩나물콩을 물이 잘 빠지는 그릇에 담고 끈기 있게 물을 주어야 콩나물이 쑥쑥 잘 자란다. 물을 주는 것을 대수롭지 않게 여기다 몇 번 시기를 놓치면 콩나물은 금세 시든다. 콩나물이 시들고 나면 다시 물을 줘도 살리기가 힘들다. "콩나물시루가 너무 컸다", "콩나물 종자가 나빴다", "콩나물에 준 물이 신선하지 않았다", "콩나물 기르는 사람이 책임감과 자질이 부족했다", "불량 콩나물을 걸러내지 못했다" 등 콩나물이 시든 이유에 대해서는 의견이 분분하지만 콩나물을 잘 기르는 할머니의 대답은 간단하다.

"그냥 물만 자주 주면 돼."

우린 교육을 지나치게 복잡하고 어렵게 생각해온 것은 아닐까? 콩나물은 햇빛을 가려주고(초록색으로 변하는 것을 방지) 물만 꾸준히 주면 잘 자란다. 지금부터라도 우리는 콩나물을 키우듯 아이들의 마음에 물을 주려는 노력부터 시작해야 할 것이다. 그 출발점은 아이들의 마음을 이해하는 것이다.

재미와 소통 효과 만점의 매개체, 영화

 얽키고 설킨 교육 문제를 푸는 데 있어 내가 생각하는 가장 좋은 방법은 아이들이 다양한 문화 체험과 예술적 경험을 통해 감성을 기르고 마음속 상처를 치유할 수 있는 기회를 주는 것이다. 그러나 학교에서 문화 체험과 예술적 경험을 다양하게 하기에는 현실적으로 한계가 많다. 경쟁과 줄 세우기, 성과와 결과 지상주의가 우리 사회에 팽배해 있는 탓에 눈에 보이는 성과가 나타나지 않는 활동은 뒤로 밀릴 수밖에 없기 때문이다.

 그런 점에서 내가 시작한 '초등영화교육'은 아이들이 다양한 문화 체험과 예술적 경험을 할 수 있는 최적의 교육 방법이 아닌가 싶다.

아이와 어른이 함께 성장하는 영화교육

 나는 지난 10여 년간 영화 감상 수업을 해왔다. 처음엔 남는 수업 시간에 재미있게 시간을 보내기 위해서 시작했는데, 횟수가 거듭될수록 문화 체험과 예술적 경험은 물론 아이들의 마음을 들여다보고 상처를 치유하는 귀중한 교육 교재가 되었다.

 영화 수업을 통해 본 아이들의 내면은 학교, 부모, 교사, 그리고 사회적 분위기로 인해 고통을 겪고 있었다. '내가 뭘 잘못했는데…'라는 억울함에서 비롯된 심리적 압박과 고통은 스스로를 하찮은 존재로 여기게 만들었고, 일부 아이들은 일탈을 통해 그러한 압박감을 분출하려 했다. 일탈은 아이들을 거칠게 만들었고 스스로를 합리화하게 했다. 영화를 통해 아이들과 소통하면서 나 역시 아이들에게 심적 고통을 주는 가해자 중 한 사람이라는 사실을 깨달았다.

 아이들은 자신의 마음을 들여다봐주길 원했고 자신이 하는 말을 들어주길 원했다. 그러한 아이들의 진심을 알게 되면서 아이들에게 훈계하거나 잘못을 지적하기보다는 그저 영화 속 인물들에 대한 아이들의 생각을 들어주고, 아이들이 하는 이야기를 들었다.

영화 수업이 아이들에게만 유익했던 것은 아니다. 나 역시 진정한 교사로 거듭날 수 있었다. 아이들의 마음을 알고 나니 교실에서 일어나는 수많은 사건·사고들이 더 이상 두렵지 않았고, 아이들을 믿을 수 있게 되었다. 콩나물을 잘 키우는 특별한 기술과 방법이 따로 있지 않다는 것도 알게 되었다. 아이들에게 콩나물을 기르듯이 물을 주는 시기와 방법, 물의 양과 질을 조절해 제때 물을 주기만 하면 된다는 것, 그리고 그것이 바로 교육이라는 사실을 깨달은 것이다.

오늘 당장 아이와 이야기를 나누어보자. 아이와 10분 넘게 이야기하기 힘들다면 아이가 당신에게 마음을 열고 진짜 속마음을 보여주기 힘든 상태라고 봐도 될 것이다.

아이의 눈을 들여다보자. 아이들은 눈으로 얘기한다. 만일 아이의 눈빛에서 총기를 읽을 수 없다면 눈뜨면 학교에 가고 시간 맞춰 학원에 가는 생활에 이미 지쳐 있는 것이다. 그렇게 눈빛에서 총기를 잃어버린 아이들을 대할 때면 교사이자 아빠인 나는 가슴이 아프다.

지금 아이들에게 필요한 것은 잔소리나 교훈이 아니다. 바로 '위로'다. 아이에게 '왜 공부해야 하는지', '왜 친구와 친하게 지내야 하는지', '왜 네가 소중한 존재인지' 구구절절히 설명하고 싶겠지만 잠시 참자. 그리고 아이와 함께 영화를 보자. 10년 넘게 아이들과 영화 수업을 해온 내가 장담컨대, 아이와 영화를 함께 보면 아이의 속마음을 읽어볼 기회가 많다. 겉으로는 거칠고 퉁명스럽게 구는 아이들도 그 내면에는 부모에 대한 사랑, 삶에 대한 불안과 미래에 대한 희망이 있음을 느낄 수 있다. 아이들의 거친 행동과 툭툭거리는 태도는 어쩌면 어른들의 삶의 법칙을 미리 배우고 흉내낸 결과가 아닌가 하는 생각이 든다.

아이에게 아이답게 살아도 된다고, 더디 가도 좋다고 말해주자. 숨을 고르며 천천히 가도 늦지 않다고 말해주자. 그러면 너무 약하지도 너무 되바라지지도 않은 아이로 키울 수 있다.

아이들이 콩나물이라면 영화는 물이다. 아이들에게 영화를 보여주고 함께 즐기다 보니 어느 순간 아이들은 쑥 자라 있었고, 아이들의 마음과 눈빛도 별처럼 초롱초롱 빛나기 시작했다.

아이들은 영화 속 인물들의 삶에 자신의 모습을 비추어 본다. 평소 자기 모습을 내보이기 힘들어하던 아이도 영화를 보고 나면 속내를 털어놓는다. 그러면 다른 아이들이 어떤 식으로든 위로를 해준다. 친구들의 작은 위로는 용기를 북돋우고 스스로를 치유하게 만든다.

'아이들과 함께 울고 웃으며 아이들이 성장하는 모습을 지켜보는 것', 이것이 바로 학교와 교사가 해야 할 일이며, 교사와 부모가 지침으로 삼아야 할 덕목이라는 생각이 든다.

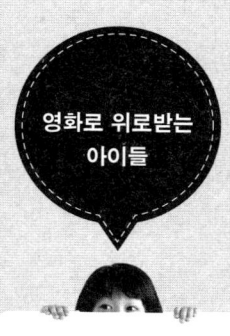

● 상미(가명) 이야기

상미는 키도 크고 공부도 잘한다. 친구들과 교우 관계도 좋았는데 4학년이 되면서 기분이 좀 나빠졌다. 엄마의 사랑을 독차지하고 싶었지만 엄마는 언니만 좋아하고 자기에게는 별로 신경을 쓰지 않는 것 같아 좀 우울해졌기 때문이다.

새로운 담임선생님은 아주 재미있게 수업을 한다. 하지만 상미에게 자꾸 뭐라고 한다. 이전까지는 한 번도 꾸중을 들어본 적이 없어서 상미는 선생님께 꾸지람을 들을 때면 창피하고 속상하다. 오늘도 선생님께 꾸지람을 들었다. 친구 유진이가 언니처럼 잘난 척을 해서 욕을 좀 했는데, 그걸 선생님이 본 것이다. 오늘따라 선생님이 더 밉다. 엄마도 아빠도 언니도 유진이도 밉다.

오늘은 영화 수업이 있는 날이다. 〈프리키 프라이데이〉란 영화를 봤는데 매사 티격태격하던 엄마와 딸이 외모가 뒤바뀌어 생활하게 되면서 서로를 이해해간다는 내용이다. 영화도 재미있었지만 엄마 편과 딸 편으로 나누어서 토론하는 시간이 더 재미있었다.

상미는 딸 편에서 딸을 이해하지 못하는 엄마에 대한 불만을 털어놨다. 주인공을 대신해서 말하는 거라 부담 없이 평소 엄마에게 하고 싶은 말들을 했다. 친구들도 공감해주고 선생님도 상미 마음을 이해한다는 듯이 부드럽게 웃어줬다. 특히 유진이가 상미 편에서 이야기를 거들어주어서 놀랐다. 유진이도 엄마와 사이가 안 좋은 걸 알고 나니 은근히 친근하게 느껴졌다. 상미는 발표를 잘했다며 선생님께 칭찬을 받았다. 기분이 좋아졌다.

그런데 엄마 편에서 이야기하는 아이들의 이야기를 가만히 들어보니 틀린 말은 아니었다. 평소 엄마에게 짜증내고 툭툭거렸던 행동들을 생각해보니 미안해진다. 선생님에게도 좀 미안하지만 자존심이 있으니 내색하지는 않았다. 하지만 다음부터는 쓸데없는 고집을 부리지 않겠다고 스스로 다짐해본다.

● 유진이(가명) 이야기

유진이는 예쁘고 똑똑하고 자기주장이 강한 아이다. 공부도 잘하고 발표도 잘해 선생님의 칭찬을 자주 듣는다. 하지만 사사건건 참견하는 성격 탓에 친구들에게 따돌림을 당하는 일이 종종 있다. 특히 상미는 은근히 자기를 견제하는 것 같아 신경이 쓰였다.

유진이는 간섭이 심한 엄마 때문에 고민이다. 오늘 아침에도 엄마가 하라는 대로 안 했다가 꾸중을 들었다. 마침 영화 수업 시간에 엄마와 딸의 입장에서 토론하면서 선생님과 이런 대화를 했다.

"엄마 때문에 스트레스예요."

"왜?"

"꼭 엄마가 하자는 대로 해야 해서요."

"그럼 싫다고 해보지?"

"그럼 난리가 나요."

"그럼 유진이가 참는 거야?"

"네…."

"유진이가 고생이 많다."

유진이는 선생님의 위로에 기분이 좋아졌다.

● 선생님 이야기

〈프리키 프라이데이〉로 수업하는 시간은 항상 기대가 된다. 아이들을 통해 가정에 있는 흥미진진한(?) 숨은 이야기를 들을 수 있기 때문이다. 예상대로 아이들은 영화를 아주 재미있게 보았다.

엄마 편과 딸 편으로 나누어서 토론을 했다. 영화에서 딸이 망나니처럼 나오는데도 여자아이들은 예상대로 딸 편을 많이 선택했다. 그런데 웬일인지 조금 전까지 다투던 상미와 유진이가 함께 딸 편이 되어 토론을 했다. 편만 같은 게 아니라 죽이 잘 맞았다.

선생님은 아이들의 열띤 토론을 지켜보았다. 토론 소재가 떨어지면 부모님에 대한 불만을 털어놓을 만한 토론거리를 조금씩 던졌다. 수업이 끝나는 종소리가 울렸지만 아이들은 토론을 계속하자고 고집을 피웠고, 그렇게 토론은 쉬는 시간에도 이어졌다.

토론이 끝나고 상미가 유진이에게 화장실을 함께 가자고 한다. 선생님은 뒤에서 "이상하다. 왜 여학생들은 화장실에 같이 가는 거지?" 하면서 놀린다.

Part 02

퍼즐 해결의
실마리,
영화에서 찾다

영화를 정식 교과로 인정하는 학교는 없다.
그렇다면 필자는 왜 교실에서
아이들과 함께 영화를 보는 위험한(!) 시도를 하는 것일까?
어떤 이유로 영화가
아이들에게 필요한 교재라고 주장하는 것일까?
그건 바로 영화가 우리 아이들이 마음을 열고 표현할 수 있는
계기를 제공하기 때문이다.

재미없는 교과서,
진화하는 교육용 텍스트

"자, 수업합시다."

교사의 이 한마디에 아이들이 책을 편다. 하지만 수업을 시작하고 10분 정도만 지나면 아이들의 집중력은 눈에 띄게 떨어진다. 가장 큰 이유는 아이들이 교과서에 흥미를 별로 느끼지 못하기 때문이다.

왜 교과서에 흥미를 느끼지 못할까? 아이들에게 교과서는 그다지 신기한 도구가 아니기 때문이다. 생각해보자. 텔레비전만 켜면 볼거리가 넘쳐나고 컴퓨터만 켜면 궁금한 정보를 바로바로 찾아볼 수 있다. 요즘엔 스마트폰까지 등장해 굳이 컴퓨터를 켜지 않고도 재미있고 신기한 영상이나 게임을 얼마든지 즐길 수 있다. 그런데 교과서를 볼 때는 종이에 글과 그림으로 표현된 내용을 익혀야 하고, 궁금한 점은 따로 찾아보아야 한다.

이미 텔레비전과 컴퓨터, 스마트폰에 익숙한 아이들일수록 교과서를 재미없어 하며 수업 시간 내내 선생님 눈치를 보는 술래잡기(?)를 한다. 그래서 많은 선생님들이 '같은 내용이지만 아이들의 흥미를 끌 수 있는 괜찮은 자료는 없을까?' 하고 고민한다.

한쪽에선 교과서 내용이 부실해서 아이들이 재미없어하는 것 아니냐고 묻는다. 그건 절대 아니다. 지금의 초등학생들이 배우는 교과서는 그 자체로 매우 훌륭한 교재다. 교육과정에 정통한 분들이 만든 만큼 내용도 우수하다. 과거의 교과서보다는 삽화도 풍부하고 종이의 질도 매우 좋아졌다. 그렇지만 이런 장점만으로는 아이들의 흥미를 끌기에 교과서는 뭔가 좀 아쉽다.

오늘날 우리는 정보통신과 인터넷이 발달하고 활자보다 영상이 더 큰 위력을 발휘하는 세상을 살고 있다. '활자보다 영상이 더 우수하다'는 것이 아니라, 미디어의 중심이 활자에서 영상으로 변화하고 있다. 이러한 시대 변화의 흐름을 인식해야만 '왜 영화가 필요한지', '왜 교육용 텍스트가 변화해야 하는지'를 이해할 수 있다.

교육용 텍스트가 달라지고 있다

'텍스트(text)'라는 말은 '원문', '본문' 등을 뜻하지만 여기서는 '보고 읽는 모든 것'을 지칭한다. 따라서 '교육용 텍스트'의 의미는 '가르치고 배우는 데 필요한 보고 읽을거리'로 정의할 수 있다.

가르칠 때 어떤 텍스트도 쓸 수 있지만 아무것이나 쓴다고 다 교육이 되진 않는다. 가르치고 배우는 과정은 생각보다 매우 복잡해서 꼭 필요한 텍스트를 꼭 필요한 순간에 써야 한다. 아무리 좋은 텍스트라도 아이들이 받아들일 준비가 되어 있지 않으면 역시 쓸모가 없다. 그래서 교육용 텍스트는 예전부터 '효과가 검증된 자료'를 쓴다.

교육용 텍스트로서 그 효과를 가장 철저히 검증받은 것이 바로 교과서다. 하지만 앞서 언급했다시피 교과서만으로는 이 시대를 사는 아이들의 요구를 충족시킬 수 없다.

무언가를 보거나 듣고 머리에 기억시키는 방법은 크게 두 가지다. 하나하나 따져가면서 알거나(논리적 사고), 척 보고 그냥 해보면서 알게 되는 것(직관적 사고)이다. 예전에는 논리적 사고를 중요하게 생각했지만 요즘은 직관적 사고도 그에 못지않게 강조되고 있다.

예를 들어 새로운 휴대폰을 하나 샀다고 하자. 설명서를 읽어보면서 하나하나 그 기능을 익히는 방법은 논리적 사고이고, 그냥 이 버튼 저 버튼 눌러보면서 기능을 찾아내는 것은 직관적 사고다. 우리는 대체로 '활자'라는 텍스트에는 논리적으로 접근하지만 '영상'이라는 텍스트에는 직관적으로 접근한다.

그렇다면 시대가 바뀌었으니 활자는 버리고 영상으로만 교육해야 할까? 아니다. 논리적 사고와 직관적 사고는 상호보완의 관계에 있다. 그래서 영상이 대세인 시대가 오더라도 활자의 중요성은 결코 사라지지 않을 것이다. 2015년부터 활자와 영상이 결합된 '전자교과서'가 초등학교에 보급될 예정이다. 그러나 실적 위주와 보여주기식 정책이 된다면 전자교과서의 교육적 효과보다 부정적인 효과가 나올 가능성이 높다. 하지만 분명한 것은 활자와 영상이 결합된 텍스트는 시대적 대세가 되어가고 있다는 점이다.

영화는 훌륭한 교육용 텍스트다

활자로 교육하는 방법은 아주 체계화되어 있다. 그리고 활자 교육에는 어느 정도 검증된 방법과 방식들이 많다. 그렇지만 엄청나게 쏟아져 나오는 교육 정보와 복잡해지고 급변하는 사회 속에서 많은 부모와 아이들은 불안과 피로를 호소한다. 정보와 지식이 너무 많아 혼란을 느끼는 것이다.

대다수 부모들이 다양한 미디어를 활용한 새로운 교육 방식이 필요하다는 점은 공감하지만 딱히 손에 잡히는 것은 없다. 그렇다 보니 부모들은 '내 아이만 뒤처지는 것 아냐?' 하는 불안감에 아이들에게 이것저것 시키고, 아이들은 눈앞에 쌓인 '해야 할 일' 리스트를 보며 '이 많은 걸 다 배워야 하나?'라며 피로감에 젖는다. 그리고 교사들은 뭘 어떻게 가르쳐야 하는지 몰라 혼란스러워한다.

하지만 위기는 곧 기회라고 했다. 활자와 영상을 접목한 미디어 교육의 방법을 체계화해야 할 시기가 왔다.

영화도 미디어의 한 축이다. 하지만 영화가 가진 무한한 교육적 가능성에 비해 영화를 교육에 활용하는 방법은 그리 많이 알려져 있지 않다. 하지만 영화를 교육에 접목시키는 것은 그렇게 어렵고 복잡한 일이 아니다.

'함께 보는 것'이
영화교육의 시작이다

　오랜만에 아이들과 즐거운 시간을 보내려고 영화관을 찾는 부모가 많다. 실제로 영화는 다양한 문화생활 중에서 누구나 좋아하고 경제적으로도 큰 부담이 없어 많은 사람들이 찾는 소통거리이자 오락거리이다. 영화를 같이 보면 함께 울고 웃으며 공감대를 형성할 수 있고, 영화를 본 뒤에는 자연스럽게 이야기를 나눌 수 있다. 영화가 대화할 기회를 제공하는 것이다.

　그런데 어떤 부모들은 아이들과 영화관에 같이 가지만 영화는 따로 본다. 아이들만 영화관에 보내는 부모들도 있다. 아이들에게 책을 많이 보라고 권하는 부모는 많지만 실제로 같이 읽는 부모는 그리 많지 않은 것과 같은 상황이다. 그런데 아이 혼자 영화를 보고 느끼는 것과, 같이 보고 느끼고 서로의 감상 소감을 나누는 것은 큰 차이가 있다. 특히 "재미있었니?"

라는 말로 소감을 묻기만 하는 것이 아니라 "엄마(아빠)는 가슴이 짠했는데 너는 어땠어?", "엄마(아빠)는 이 부분이 제일 기억에 남는데 너는 어때?"라고 대화를 유도하는 것이 중요하다.

영화관을 가서 같이 영화를 보든, 집에서 비디오를 보든 부모와 아이가 함께하는 것이 중요하다. 부모와 자녀가 무언가를 함께하는 것이 소통의 시작이다.

소통이 중요하다는 말에 갑자기 아이에게 "자, 이제부터 대화하자"라고 하는 분들이 있다. 하지만 취미나 문화활동을 같이 하지 않다가 어느 순간 갑자기 일방적으로 대화를 시도했다가는 아이의 마음도 얻지 못하고 소통도 실패한다.

소통을 할 때는 몰입과 흥미도가 높은 자료를 활용하면 효과적인데, 영화만큼 안성맞춤인 자료도 없다. 영화를 볼 때는 부모나 교사가 세세하게 설명하거나 가르칠 필요가 없고, '아이와 무슨 이야기로 소통을 할까'를 고민할 필요도 없다. 영화가 아이의 마음을 사로잡아 스스로 마음을 드러내고, 살아가는 데 필요한 긍정적인 힘을 가질 수 있도록 인도하기 때문이다.

아이들은 평소 자기 이야기를 말하기 싫어한다. 함부로 말했다가 꾸중이나 질책을 당하느니 차라리 안 하는 편이 낫다고 생각한다. 하지만 영화를 보다가 자신과 감정이 일치하는 상황이나 인물이 있으면 그 상황과 인물에 대해 이야기하는데, 잘 들어보면 아이의 마음이 고스란히 담겨 있다. 자기 이야기가 아닌 그들(영화 속 등장인물)의 이야기라면서 스스럼없이 이야기하지만 결국 자기 이야기를 하는 것이다.

그러니 교사나 부모는 아이가 등장인물이나 특정 상황에 대해 신나게 이야기하는 내용을 귀 기울여 들으며 맞장구를 치거나 궁금한 점을 묻기만

하면 된다. 그건 주인공의 이야기처럼 보이지만 실제로는 아이 자신의 이야기이기 때문이다. 이렇듯 아이와 함께 영화를 보고 감상을 이야기하다 보면 평소 나누기 힘들었던 마음속 이야기도 조금은 쉽게 할 수 있다.

한 권의 책이 한 사람의 인생을 바꿀 수 있듯이 한 편의 영화가 아이의 인생을 바꿀 수 있다. 예술과 문학에 무지했던 나 또한 10여 년간 아이들과 함께 영화를 보면서 달라지는 내 모습에 놀라곤 한다.

그동안 1학년부터 6학년까지 교육과정과 연계해 한 편 한 편 영화 수업을 했다. 아이들은 조금씩 영화에 빠져들었고 영화를 통해 자신의 상처를 친구들과 함께 치유해갔다. 아무도 가보지 않은 길이었기에 힘들고 어려웠지만 영화를 보며 행복해하는 아이들의 모습이 가장 큰 힘이 되었다.

함께 영화를 보면서 아이와 진솔한 대화를 나누고 따뜻한 감정을 서로 교류하는 것이 영화교육의 시작이라는 사실을 모든 부모와 교사들이 마음에 담기를 바란다.

어려운 인성 교육,
영화교육에 답이 있다

우리 교육이 입시 위주로 흐르면서 인성 교육이 더욱 중요해지고 있다. 올바른 인격이 결여되는 것을 막고 더불어 사는 품성의 기본을 익히게 하는 것이 인성 교육의 요점이다. 교사치고 인성 교육에 신경 쓰지 않는 교사는 없다. 가정에서도 마찬가지다. 그렇지만 인성 교육만큼 힘든 것도 없다.

"착하게 살아라."
"바르게 살아라."

요즘 아이들에게 이렇게 말했다가는 무시당하거나 성의 없는 대답을 듣기 쉽다. 그래서 아이들에게 지도할 방법이 난감해진 교사·부모들과 말발이 안 먹히는 아이들 사이에 눈에 보이지 않는 팽팽한 줄다리기가 계속된다. 특히 부모들은 아이와 몇 번 대화하다 보면 심한 잔소리를 하게 되고 아이는 부모의 잔소리를 지겨워한다.

아이들 다루기가 왜 이렇게 힘들어졌을까? 원인은 여러 가지가 있겠지만 소통 방법에 문제가 있는 것도 사실이다. 아이들도 선생님이나 부모에게 자신의 마음을 툭 터놓고 싶어하지만 서로의 관심사가 다른 걸 일찌감치 파악하고는 '어른들 앞에서는 입 다물고 가만히 있는 편이 좋다'는 것을 본능적으로 터득한 것 같다.

특히 초등학교 고학년 아이들 가운데는 부모와 아예 대화를 하지 않는 아이도 많다. 부모로서는 아이에게 불만스러운 점이 있어도 섣불리 말했다가는 잔소리가 될 것 같고, 안 하자니 아이가 삐뚤어질 것 같은 딜레마에 빠진다. 이렇게 대화가 단절되면 서로 오해하게 되고, 오해는 불신을 가져오며, 불신이 쌓이면 어떤 방법으로든 폭발하게 되어 있다.

인성 교육, 도덕책만으로는 2% 부족하다

초등학교 교사들에게 가르치기 힘든 과목을 꼽으라고 하면 도덕이 상위권을 차지한다. 국어나 수학보다 더 까다롭다고들 한다. 인성 교육에 가장 적합한 과목은 도덕이고, 도덕 교과서는 그 자체로 훌륭한 인성 교육 자료인데 왜 이런 현상이 생긴 걸까?

그것은 '도덕 = 예의범절 = 착한 일 = 지켜야 할 것'이라는 등식이 성립해서다. 거기다가 내용이 너무 도덕적인 까닭에 아이들에게 공감을 얻지 못하고 있다. 그리고 요즘 아이들은 착한 사람이 꼭 성공하는 것은 아니라는 사회의 논리를 일찍부터 깨닫기 때문에 도덕 교과서를 보며 심드렁해한다.

그렇기에 "도덕책이 진리야. 그 방법이 옳으니까 너희들은 시키는 대로 해"라고 강요했다가는 좋은 효과를 거두기 힘들다. 물론 많은 교사들이 이러한 사실을 간파하고 교과서를 보완하는 다양한 자료로 수업을 하고 있지만 한계가 많다.

영화야말로 초등 인성 교육의 최적 자료다

그러면 어떻게 해야 아이들이 공감하는 인성 교육을 할 수 있을까?

일단 많은 자료로 교육을 강화한다고 인성이 길러지는 게 아님은 확실하다. 아이들에게 어떻게 인성 교육을 해야 할지 오랫동안 고민한 결과 교과서가 제시하는 덕목과 교육 목표를 간과하지 않으면서도 시대의 흐름에 맞는 교육 자료를 병용해야 한다는 결론을 얻었다. 교과서를 무시하고 다른 교재를 찾자는 것이 아니라 교과서를 보완하는 대체재를 통해 교과서를 살리자는 것이다.

아이들에게 쉽게 다가가면서도 도덕적 딜레마를 함께 고민할 수 있는 대체재, 그것은 바로 영화다. 영화는 2시간 남짓 되는 시간 동안 아이들을 완전히 몰입시킬 수 있고, 감동과 감화를 함께 얻을 수 있으며, 교과서처럼 이론으로 말하지 않아도 도덕과 인성을 가르칠 수 있고, 그 안에서 다양한 예술적 감각을 키울 수 있는 최고의 자료이다.

'오락물'로 알려진 영화가 아이들에게 인성 교육의 효과를 줄 수 있는 이유는 아직까지는 아이들이 어른들보다 순수하기 때문이다. 6학년 정도 되면 몇몇 아이들은 어른 흉내를 내지만 한 꺼풀만 벗겨보면 여지없는 아이다. 영화는 픽션, 즉 가상의 이야기다. 그렇지만 현실 같은 가상이라는 특징이 아이들의 머리와 마음을 열게 하는 것이다.

아이들은 영화 속 인물들의 삶을 보면서 자신의 문제를 객관적으로 바라본다. 옳고 그른 것에 대한 판단과 비판도 어른 못지않다. 거기다가 등장인물의 감정에 자신의 현재 상황이 이입되는 것을 경험하면 아이들의 감성이 자극되면서 치유 효과까지 얻을 수 있다.

대단한 도덕의 틀을 제시하는 것이 아니라 영화를 통해 소소한 것이라도 함께 공유하고 대화하다 보면 타인을 이해하고 배려하는 마음도 조금씩 생겨나고 마음속에 굳게 갇혀 있던 감정의 골까지 메워진다.

인성 교육이 어찌 보면 힘들지만 어찌 보면 그리 어려운 것이 아니다. 웃음이 나올 때 웃고, 울음이 나올 때 울고, 생각할 거리가 있으면 그것에 대해 생각해보고, 자신의 일상을 반성도 해보고, 배울 점이 있으면 따라 하고, 스스로에게 다짐도 해보고…. 이런 사소한 과정이 모여서 바람직한 인성의 틀이 만들어지는 것이다.

영화교육을 둘러싼
몇 가지 오해

영화로 교육을 한다는 사실에 많은 분들이 '과연 될까?' 하는 의구심을 가질 것이다. 나의 주변 분들도 그랬다. 특히 교장선생님과 학부모님들의 오해를 이겨내는 게 쉽지 않았다.

교장선생님의 오해

2003년에 한 시골 학교로 부임해 갔다. 그때도 6학년을 맡았는데 학생 수가 11명에 불과했다. 막 영화교육에 재미를 붙인 터라 아이들과 종종 영화를 보며 수업했다. 아이들도 몇 안 되고 담임 재량껏 탄력적으로 수업을 진행해도 교육과정을 마치는 데는 지장이 없었기 때문이다.

하지만 교장선생님 생각은 달랐다. 당시 교장선생님은 교육 연구에 정통한 원칙주의자답게 계획된 표준 교육과정 시수를 엄격하게 지키기를 원했다. 여름방학이 다가오자 교무회의 시간에 교장선생님께서 이렇게 말씀했다.

"수업 대신 영화 보는 것을 자제해주세요."

수업시간에 아이들과 영화 보는 것에 부정적인 교장선생님께 나는 아이들과 함께 영화를 봐야 하는 이유를 계속 설명했다. 나의 성화에 못 이기셨는지 교장선생님께서는 지도 계획안을 가져와보라고 했고, 밤새 몇 가지 자료를 챙겨 '얼렁뚱땅 영화교육 계획안'을 작성해 다음날 아침 교장실로 갔다. 결국 교장선생님은 영화교육을 허락하셨다.

교장선생님은 '영화 보는 것 = 노는 것'이라고 생각했던 것이다. 교장선생님만 그렇게 생각한 것이 아니었다. 대부분의 교사들조차 '영화 감상 = 노는 것'이라고 생각한다는 사실을 그때 알았다.

학부모들의 오해

2004년에는 아파트촌으로 둘러싸인 신도시의 큰 학교로 옮겼다. 거기서도 6학년을 맡았다. 늘 하던 대로 영화교육을 실시했다. 아이들도 좋아하고, 학부모들도 좋아하는 것 같았다. 그런데 이상한 이야기가 들려왔다.

"차승민 선생님은 수업 시간에 아이들을 가르치지 않고 영화만 본다."

일부 학부모들이 영화 보며 아이들과 토론하는 교육 방식을 그다지 신뢰하지 못했던 것이다. 아이들에게 이 사실을 알리고 다음과 같이 말했다.

"너희들이 계속 영화교육을 받고 싶다면 선생님은 불이익을 받더라도 할 것이다. 대신 너희들이 영화 본다고 공부를 게을리해서 부모님을 실망시키지 않겠다고 약속해라."

아이들은 이구동성으로 그러겠다고 했다.

선생님들의 오해

기말고사가 끝나고 학기 말이 되면 아이들은 조금씩 풀어진다. 6학년은 더욱더 그런 경향이 강하다. 하지만 선생님들은 다르다. 특히 학년 말은 학사 정리와 성적 처리, 게다가 6학년 담임은 졸업 준비까지 해야 돼서 무척 바쁜 시기다.

이럴 때 선생님들이 주로 쓰는 방법이 아이들에게 요즘 개봉하는 영화나 갓 출시된 비디오를 보여주는 것이다. 그래서인지 학기 말이 되면 어떤 영화를 보면 좋을지 물어보는 교사들이 많다. 그러면 나는 되레 교사들에게 묻는다.

"어떤 종류의 영화를 원하시나요?"
"반 아이들의 성향은 어떤가요?"
"어떤 방향으로 지도하실 건가요?"
"제가 만들어놓은 자료와 학습지가 있는데, 사용하시겠습니까?"

반가운 마음에 이것저것 챙겨드리려고 하다가 선생님의 표정을 보면 '아차' 싶을 때가 많다. 그 선생님은 그저 시간 때우기용으로 하나 권해달라고 한 것뿐인데 나 혼자 신이 나서 떠들고 있으니 떨떠름한 것이다.

대부분 선생님들이 수업 자료를 선택할 때는 매우 고심하면서도 아이들이 볼 영화를 고를 때는 그저 '아이들이 재미있어하면 된다'고 생각한다. 그러나 앞으로는 영화의 교육적 가치를 생각하고 아이들의 성향과 교육 목표를 고려해 신중히 선택할 수 있기를 희망한다.

잘 본 영화 1편이
책 100권 못지않다

일부 부모와 교사들은 수업 시간에 영화를 보면 아이들이 공부에 흥미를 잃을 거라고 우려했다. 그러나 영화 수업을 이어가던 중 아이들의 학습 성취도가 오히려 높아지는 것을 체감했다.

아이들은 영화 수업 이전보다 자신을 돌아보고 다듬는 시간이 많아졌고, 그럴수록 자신감이 커졌다. 또 감성이 풍부해지고 마음 치유의 효과까지 얻어 이전보다 얼굴이 훨씬 환해졌다. 교실에서는 아이들끼리 싸우는 일이 줄어들고 상대방을 이해하고 서로 배려하는 분위기가 생겨났다. 뭔가를 보고 읽더라도 주제와 의미를 찾는 일을 예전보다 더 쉽게 하고, 그 영향으로 수업 분위기도 더 좋아졌다. 어느 교과전담교사도 우리 반 아이들의 변화를 칭찬했다.

"선생님 반 아이들이 많이 달라졌어요. 뭔가 한마디로 말하기는 힘들지만 전체적인 분위기가 활기차고 진지해진 것 같아 수업하기가 좋아졌어요."

교과전담교사는 교실을 옮겨다니며 수업하기 때문에 비교적 객관적으로 평가를 해준다. 이런 여러 가지 정황들은 영화가 학습에 긍정적인 영향을 미친다는 것을 말해준다.

그러나 영화만 본다고 저절로 학습이 되는 것은 아니다. 영화를 교육 목표에 맞게 선택하고 올바른 소통 방식으로 지도하고 안내했을 때 비로소 학습에 도움이 된다.

영화를 보며 읽기 능력을 키운다

아이들이 책을 읽는 모습을 보면 흐뭇하다. 책을 보겠다는 아이를 말릴 부모는 없다. 책의 장점은 이루 말할 수 없이 많지만 영화도 그에 못지않다.

우선, 영화를 볼 때는 화면과 자막을 동시에 읽어야 한다. 자막이 없는 영화라 해도 영화를 보면서 읽어야 할 것들은 많다. 배우들의 표정, 주인공의 주변 상황, 이야기의 앞뒤 정황을 읽어야 하고 여기에 음향과 음악을 동시에 듣는다. 이렇게 듣기와 읽기를 동시에 하면서 총체적인 읽기 학습이 이루어진다. 스마트미디어 시대에 이런 방식의 읽기 능력은 매우 중요하다.

"그러다가 책을 싫어하게 되면 어떻게 하느냐"고 묻는 분들도 있다. 그러나 걱정할 필요 없다. 영화를 보며 읽는 연습을 한 아이들은 책도 잘 읽게 된다.

공감대를 통해 자존감을 높인다

영상을 읽는 게 익숙해지면 본격적으로 내용을 파악하고 몰입하는 단계로 들어간다. 그러면서 자연스럽게 등장인물이나 상황에 공감하게 된다. 자신과 비슷한 상황에 처한 인물이 나오거나 관심 있는 분야의 영화를 볼 때는 더욱 그러하다. 특히 드라마의 성격이 강한 영화를 볼 때 공감이 잘 일어나는데, 아이들은 영상과 대사를 통해 전달된 등장인물의 감정을 읽으면서 자신의 경험과 상황에 비추어 그 인물을 이해하는 단계에 다다른다. 이런 과정을 거치다 보면 아이들은 이렇게 느끼기 시작한다.

'나만 그걸 고민하는 게 아니었군.'
'참 불쌍하다.'
'참 멋지다.'
'저 사람 참 대단하네. 어떻게 저 큰 어려움을 이겨냈을까?'

이렇게 느끼다 보면 자신을 객관적으로 보는 시각이 생기고, 영화의 메시지를 왜곡하지 않고 받아들일 수 있다. 영화를 본 뒤에 친구나 선생님 혹은 부모와 자신이 느낀 감정에 대해 이야기하다 보면 다른 사람들도 같은 감정을 느낀다는 것을 알게 되어 더 큰 공감대를 형성한다. 그리고 이런 생각을 하게 된다.

'나도 할 수 있겠는걸!'

그 영화 속 인물이 어려움을 이겨냈듯이 자신도 평소 어렵다고 생각하

영화를 보고 영화 내용을 소재로 의견을 말하고 듣는 아이들의 표정이 아주 진지하다.

던 일을 스스로 해낼 수 있다고 생각하는 것이다. 그렇게 자존감이 싹트면서 아이는 자신의 능력과 자질에 자부심을 갖게 된다.

표현력과 도덕성이 자란다

영화를 보고 나서 아이들과 이야기하다 보면 표현이 서툰 아이들도 평소보다 자신의 감정을 더 잘 표현한다는 것을 발견할 수 있다. 이러한 태도는 좀 더 자유로운 분위기에서 영화를 보고 이야기를 나눌 때 더욱 활발해진다. 친구들과 선생님 역시 자신과 비슷한 감정을 느낀다는 생각에 자신감이 붙고, 자신감이 붙으니 느낀 것을 표현하거나 드러내도 괜찮다고 여겨 자기표현을 적극적으로 하는 것이다. 그렇게 서서히 아이들은 긍정적인 자아상을 찾게 된다.

이러한 과정에서 얻을 수 있는 또 다른 수확은 아이들이 자신의 감정과 생각을 솔직하게 표현하고 나누면서 자신을 반성하는 기회를 갖게 되는 것이다. 스스로 반성하는 것은 자신을 좀 더 긍정적으로 보게 하고 바람직한 도덕성을 키우는 기반이 된다.

어른들이 꼭 알아두어야 할 점은, 영화를 통한 인성 교육은 '아이 스스로 바람직한 방향으로 성장할 수 있다'는 믿음이 있어야 효과를 거둘 수 있다는 것이다.

통합적 · 창의적 문제 해결력이 자란다

아이들과 영화 수업을 할 때는 모든 가능성을 다 열어둔다. 특히 이야기를 나눌 때는 형식에 얽매이지 않고 영화가 주는 느낌과 메시지만 가지고 이야기를 이끌어간다. 설령 원하는 답이 나오지 않더라도 큰 주제에서 벗어나지만 않는다면 아이들이 자유롭게 이야기를 나누도록 놔두는 것이 좋다.

예를 들어 과학과 자연현상을 소재로 한 영화인 〈코어〉, 〈단테스피크〉를 보고 아이들은 인간에 대한 사랑과 믿음이나 열정을 주제로 이야기할 수 있다. "난 저렇게 할 수 없어"라는 첫마디로 감상을 이야기하는 아이도 있다. 그래도 "그건 아냐"라고 말하지 말고 아이들의 생각의 흐름에 맞춰 대화를 해나가는 것이 좋다. 그렇게 하다 보면 아이들이 스스로 느끼는 때가 온다.

아이들의 대화를 한 방향으로 이끌어나가는 것보다는 다양한 방법으로 영화 속 문제에 접근하도록 놔두자. 그러다 보면 자연스럽게 아이들의 통합적 · 창의적 문제 해결력이 발달한다.

영화를 통해
아이의 속마음을 알 수 있다

아이들은 영화 보는 것을 즐거워한다. 특히 수업 시간에 보는 영화를 아주 좋아한다. 왜냐하면 명칭은 '영화 수업'이지만 다른 과목의 수업보다는 부담이 적기 때문이다.

영화는 게임처럼 말초적이고 위험한 재미를 주지 않으며, 자연스럽게 몰입하게 하고, 감성을 자극한다. 평소 경험해보지 못한 감정을 느끼고 가슴속에 무언가 남는 짜릿한 기분을 느끼는 과정을 몇 번 거치고 나면 예전보다 훨씬 감성이 풍부해진다. 그렇게 영화는 감성 자극제 역할을 하고 아이들의 마음을 열어준다.

앞에서 언급했듯이 아이들은 평소에는 말하지 못했던 자신의 속마음을 영화 수업 시간에는 비교적 쉽게 표현한다. 그리고 영화 속 인물의 마음을 들여다보듯이 자신의 마음을 들여다보며 자신의 내면에 접근해간다.

보통 아이들은 자신을 돌아보는 것을 무척이나 힘들어하고, 심지어는 괴로워한다. 그럴 때는 질문을 통해 아이가 속마음과 감정을 끄집어낼 수 있도록 도와주는 것이 좋다.

"왜 그렇게 생각했어?"
"그때 기분은 어땠니?"
"다른 사람은 널 어떻게 볼 거라고 생각해?"

이런 질문은 아이가 자신을 좀 더 객관적으로 바라볼 기회를 제공한다.

영화 수업을 통해 자신의 속마음과 감정을 객관적으로 들여다본 아이들은 자신을 억압하던 것들에서 벗어나면서 자신감을 얻는다. 그러면 아이의 가벼운 심리적 문제는 자연스레 해결된다.

단, 문제행동이 심각하거나 방어기제가 강하다면 전문가의 도움을 받아야 한다. 영화교육이 방어기제의 부정적인 면을 모두 극복하게 해줄 수는 없기 때문이다.

아이들이 겉으로는 활달하고 건강하게 자라는 것 같아도 교실에서 조금만 관심을 가지고 지켜보면 부모들이 미처 발견하지 못한 여러 가지 특이한 행동이나 생각을 관찰할 수 있다. 분명히 바람직한 행동이나 생각이 아닌데 그 사실을 인지하지 못하는 아이가 있는가 하면, 좋지 않은 행동이나 거짓말을 하는 것을 대수롭지 않게 여기는 아이도 있다. 아이들이 이런 행동을 하는 것은 발달 과정에서 오는 '자연스러운 현상'이다. 그러나 어른들이 잘못 해석하고 꾸짖기만 하면 도리어 아이가 큰 상처를 받을 수 있다.

논술, 영화교육으로
기초를 다져라

　요즘 초등학생 자녀를 둔 부모들은 대학 입시까지 생각해 아이들을 지도한다. 그런 부모들이 신경을 쓰는 것 중 하나가 논술 교육이다. 그래서 책을 많이 읽게 하고, 논술 학원에 보내고, 소규모 모임을 만들어 책을 읽은 뒤에 토론하는 습관을 들이게 한다. 생각하는 능력과 표현하는 능력이 자라기를 기대하면서.

　그러나 이러한 부모의 기대에 잘 따라와주는 아이는 일부이고, 대부분의 아이들은 책을 지겨워하고 틀에 박힌 토론을 답답해한다. 그럴 땐 영화로 아이들의 머릿속을 환기시켜주자.

　영화교육은 영화 감상과 영화 논술로 나뉜다. 영화교육의 시작은 영화 감상이다. 영화 감상의 목표는 '좋은 영화를 선택하고 감상할 수 있는 능력을 기르는 것'이고, 영화 논술의 목표는 '영화를 보면서 얻은 지식과, 영화

를 보면서 느낀 감정을 이용해 자신의 의견을 드러내는 능력을 기르는 것'
이다. 텍스트를 읽는다는 면에서 영화를 제대로 감상하는 것도 하나의 능
력이고, 이렇게 영화 감상 능력이 갖춰져야 영화 논술을 할 수 있다. 논술
은 어떤 주제에 대해 논리적으로 서술하는 것이다. 주제에 맞는 이야기를
논리적으로 서술할 수 있는 힘을 기르는 것이야말로 국어 교육의 최종 목
표다.

나의 제자들을 보니 영화교육을 많이 받은 아이일수록 중·고등학교
때 논술을 비롯해 전 과목 성적이 아주 잘 나온다. 한번은 성적이 좋다는
얘기에 오히려 내가 신기해서 그 아이들에게 물어보았다.

"내가 너희들을 그닥 열심히 가르친 기억이 없는데, 어떻게 그렇게 공
부를 잘하냐? 비법이 있니?"

아이들의 대답은 한결같았다.

"기본적인 걸 선생님한테 다 배워서 상당히 편했어요."
"영화 감상문을 쓰고 서로 이야기 나눴던 것이 많은 도움이 되었어요."

가르친 나도 몰랐고 아이들도 당시에는 미처 깨닫지 못했지만 영화 감
상문 쓰기와 의견 발표가 중·고등학교 학습에도 큰 도움이 된 것이다.
그저 영화를 보면서 느낀 감상을 자유롭게 이야기해보라고 했고, 말로 표
현하기 힘들면 글로 쓰라고 했을 뿐인데 그것이 이렇게 효과를 발휘한 것
이다.

아는 선생님의 부탁으로 중·고등학생들을 상대로 영화 논술 특강을 한
적이 있다. 그런데 아이들이 영화를 보고 나서 쓴 글은 매우 무미건조했다.
기술적으로 분석한 흔적은 보였지만 스스로 납득하지 못하고 쓴 글이 대부

분이었다. 나이가 들면서 경험이 늘고 시야가 넓어지면 자연스럽게 논리적인 체계가 잡히기 마련이다. 하지만 감정을 글로 옮기는 것은 제때 연습하지 않으면 할 수 없다. 글 쓰는 기술을 배우기 시작하는 초등학생 때 자연스럽게 익히게 하는 것이 좋다.

영화 논술 교육은 분명 논술 실력을 쌓는 데 도움이 된다. 영화를 통한 논술 학습의 핵심은 '좋은 영화를 보고 자신의 느낌을 자연스럽게 표현하는 것'이다. 그러니 처음에는 쑥스러워하거나 정리되지 않은 말을 하더라도 아이의 느낌과 생각을 인정해주어라. 그러면서 조금씩 표현 방법을 정리해주면 얼마 지나지 않아 곧잘 표현하게 될 것이다.

나는 표현이 어눌하거나 논리에 조금 맞지 않아도 아이의 느낌이 살아 있으면 격려해준다. 그러다 아주 크게 칭찬해주고 싶을 땐 "나라면 네 말처럼 했을 거야"라고 말해준다.

그러나 영화를 통해 아이에게 뭔가를 많이 가르치겠다는 욕심은 버리는 것이 좋다. 그저 아이가 영화를 보며 자연스럽게 생각하고 느낌을 표현하게 하고 점차 논리적으로 표현할 수 있도록 유도하는 것, 그것이 바로 영화 논술이다.

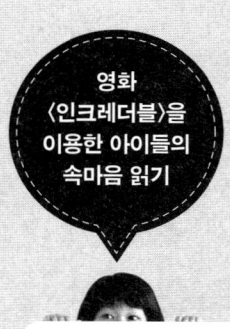

영화 〈인크레더블〉은 초능력을 가진 주인공 가족이 초능력을 갖고 싶어 나쁜 짓을 일삼는 악당을 물리치는 이야기다. 이 영화를 보고 난 후 아이들에게 "영화 속 인물들 중에 누가 제일 맘에 들었니?"라고 물어보면 각기 다른 답이 나온다.

〈인크레더블〉로 수업을 해본 결과 한 가지 특이한 현상을 발견할 수 있었다. 바로 아이들의 숨겨진 성향이 고스란히 드러나는 점이다. 그래서 다른 반 아이들에게도 이 영화를 보여주고 등장인물 중한 명을 선택하여 그 인물에게 편지를 써보게 했다. 그리고 그 편지를 읽으면서 성격 분석을 해보았더니 캐릭터의 성격과 그 편지를 쓴아이의 성향이 거의 일치했다. 이러한 현상은 '동일시'라는 방어기제에 의한 결과로 이해할 수 있다.

〈인크레더블〉의 캐릭터 분석을 통해 각각의 캐릭터를 선택한 아이들의 심리 상태를 대략적으로 유추해보면 다음과 같다.

● **인크레더블을 선택했다면? _ 목표 지향적인 지도자**

극을 이끌어가는 주인공으로, 매우 강력한 힘을 지닌 초능력자다. 초능력을 쓰지 못하게 한 국가의 정책 때문에 평범하게 살아가지만, 불의를 참지 못해 남의 눈에 띄지 않게(가족에게도 말하지 않고)

초능력을 사용해 선행을 하곤 한다. 그때마다 초능력을 사용하면 법적인 처벌을 받는다는 사실을 떠올리며 가정을 지켜야 하는 가장과 정의를 수호하는 영웅 가운데 어떤 길을 가야 할지 갈등한다.

인크레더블을 선택한 아이들은 대체로 리더십이 강하고 목표 지향적이다. 자신을 드러내려는 성향과 도전정신이 강하고 치열한 경쟁에도 잘 적응하는 편이다. 과시욕이나 경쟁심이 지나치게 강할 경우 다른 사람과 마찰을 일으킬 수도 있지만 대체로 발전 가능성이 높다.

이런 아이들은 그림을 그릴 때 중심 대상물을 지면의 가운데에 크게 배치하는 경우가 많다. 이런 아이들을 다룰 때는 칭찬을 조금 아끼는 대신 적절한 목표를 제시하는 것이 좋다. 그러면 목표를 이루고자 노력한다. 목표를 성취했을 때는 짧고 굵게 칭찬하는 것이 더 효과적이다.

● **엘라스티걸을 선택했다면?** _ 합리적 조정자

남편인 인크레더블과 함께 세 아이를 키우며 평범한 가정주부로 살려고 노력하지만 남편은 남편대로, 아이들은 아이들대로 한시도 그녀를 가만히 두지 않는다. 그녀는 언제나 자신보다 가족을 우선으로 생각하지만 필요한 순간에는 자신의 뜻을 분명하게 전달한다.

이 캐릭터를 선택한 아이들은 그 반에서 가장 성격이 좋은 아이들일 것이다. 교사와 아이들 모두에게 신망

받으며 책임감이 강하고 매우 성실하다. 그러나 '착해야 한다'거나 '다른 사람을 도와야 한다'는 생각이 지나치게 강해 자신을 위축시킬 우려도 있다.

이런 유형의 아이들에게는 지시하기보다는 부탁을 하고, 마음을 담아 따뜻한 칭찬을 해주는 것이 효과적이다. 다른 사람들이 자신의 역할을 알아주지 않는 것에 상심하는 경우가 많기 때문이다.

● 바이올렛을 선택했다면? _ 소극적인 인내자

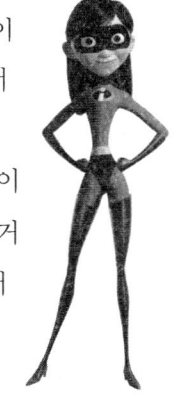

인크레더블과 엘라스티걸의 딸이다. 집에서는 말썽쟁이 동생 대시와 티격태격하지만 맘에 드는 남자 친구 앞에서는 한없이 작아진다.

바이올렛을 선택하는 아이들은 대체로 성격이 소극적이다. 그런데 이런 아이들은 자신의 성격을 매우 못마땅해하거나, 소극적인 성격으로 인해 피해를 본다고 여겨 주눅들어 있는 경우가 많다. 그러나 감수성이 풍부하고 사소한 변화도 금세 알아차릴 정도로 민감해서 발전 가능성도 높다.

또 겉으로 보기에는 외향적인 것 같지만 실제로는 내성적이다. 이런 아이들은 교실에서 말썽을 부릴 가능성이 낮다. 그렇다고 안심하면 안 된다. 겉으로는 드러나지 않지만 속이 곪는 경우가 가끔 있기 때문이다.

그러니 자신을 표현할 기회를 자주 주고 자신을 드러내는 것에 자신감을 가지도록 도와야 한다. 다루기 참 어려운 유형이지만 인내심을 가지고 기다려주면 스스로 성숙해지는 유형이다.

● 대시를 선택했다면? _ 철부지 장난꾸러기

인크레더블과 엘라스티걸의 아들 대시는 학교에서 장난을 많이 치고 집에서는 누나와 티격태격해 엄마 속을 많이 썩이지만 악당과의 대결에서는 멋진 모습을 보여주기도 한다.

장난꾸러기들은 여지없이 대시를 선택한다. 장난 치기 좋은 능력을 다 가지고 있는 대시는 장난꾸러기들이 꿈에 그리는 선망의 대상이다.

이런 아이들 중에는 별다른 악의는 없지만 행동을 잘 통제하지 못하는 아이들이 좀 있다. 특이하게 대시를 꾸짖는 편지를 쓰는 아이들도 있다. 정말 꾸짖고 싶어서 그러는 것이 아니라 자신도 대시처럼 장난을 치고 싶지만 그러면 안 된다고 교육받아왔기에 꾸짖는 것이다. 이들 중에는 내적 자아와 외적 자아가 갈등을 일으킬 가능성이 높은 아이들도 간혹 있다.

또 "나도 대시처럼 빨랐으면 좋겠다"라고 말하는 아이들은 모방심이 강하고 자신의 신념이나 의지를 관철하려 하기보다는 대세를 따르는 경향이 있다. 또 신중하게 생각하지 않고 먼저 행동하려고 한다. 지나치면 다툼이 잦아지는데 자신의 생각을 유연하게 말로 표현하는 능력이 좀 떨어져 행동(?)이 먼저 나가게 된다. 이런 유형의 아이들에게는 에둘러서 질책하거나 지시하기보다는 구체적이고 간결하게 지시하는 것이 더 효과적이다.

● 신드롬을 선택했다면? _ 영리한 통찰가

영화 속에서 악당으로 나오는 신드롬은 어릴 적에 인크레더블에게 무시를 당한 이후로 첨단 과학기술을 이용해 슈퍼히어로가 되려고 한다.

아이들은 신드롬을 잘 선택하지 않는다. 다른 사람들에게 비난받을까 봐 두려운 심리도 있지만 영화 속에서 신드롬은 인크레더블 가족에게 당하는, 비교적 매력이 떨어지는 인물이기 때문이다. 그런데도 신드롬을 선택하는 아이들에게는 뭔가 특이한 점이 있다. 바로 영화 전체를 통찰하는 능력이다.

신드롬을 선택했다는 것은 주인공 인크레더블과 거의 같은 위치에 있는 인물이 신드롬이라는 것을 간파했다는 의미이다. 즉 '힘의 균형'이라는 오묘한 원리를 본능적으로 간파한 것이다. 이런 아이들은 대개 교실에서 은둔자처럼 지내지만 교실 내의 역학관계를 민감하게 감지할 줄 아는 영리한 아이들이다. 똑똑하지만 튀지 않고, 필요하다면 언제든지 수면 위로 자신을 내보일 수 있는 아이들이다. 한편으론 장래의 잠재력이 돋보이는 아이들이기도 하다.

● 프로존을 선택했다면? _ 기회적 방관자

프로존은 인크레더블의 친구로 나오는 슈퍼히어로다. 다소 비중이 떨어지는 조연인데, 극 후반부에 맹활약을 보인다. 프로존을 선택한 아이들 역시 주의 깊게 관찰해볼 필요가 있다. 특히 수업 태도가 좋고 성격도 원만해 보이는 아이들이 프로존을 선택했다면 생각과는 달리 교우 관계가 원만하지 않거나 한정적일 가능성이 높다. 왜냐하면 프로존을 선택한 아이들은 대체로 책임을 지거나 앞장서서 나서는 일은 하지 않으려고 하기 때문이다. 즉 튀는 것을 싫어한다.

그렇지만 똑똑하지 않은 것은 아니다. 언제 나서야 하는지는 알고 있고, 기회가 되면 자신의 능력을 발휘하여 주목을 끌고자 하는 욕구도 있지만 기본적으로 방관자적인 태도를 유지할 가능성이 높다.

자신이 무시당하는 게 싫어서 적당한 간격을 유지하면서 자신의 능력을 보여주려는 아이들이 프로존을 선택할 가능성이 높다. 심하면 약간 냉소적이 될 가능성도 있으므로 프로존을 선택한 아이들은 평소 눈여겨봐야 한다.

● **잭잭을 선택했다면?** _ 심리적 미성숙아

인크레더블 가족의 막내다. 거의 역할이 없다가 마지막 장면에서 엄청난 능력을 발휘해 관객들에게 즐거움을 주는 캐릭터다. 이 캐릭터를 선택한 아이들은 심리적으로 또래 아이들에 비해 미성숙할 가능성이 높다.

아이들이 잭잭을 선택할 가능성은 매우 낮다. 영화를 보고 난 후 다른 캐릭터에 비해 잔상이 남을 확률이 낮기 때문이다. 물론 마지막에 큰 반전으로 관객들에게 즐거움을 주긴 하지만 그렇다고 나머지 캐릭터들에 비할 바는 못 된다. 그런데도 잭잭을 선택했다는 것은 심리적으로 미성숙하기 때문이라고 보는 것이 맞다.

여기서 '심리적으로 미성숙하다'는 것은 자신과 타인의 분명한 차이를 인식하고 배려, 공감, 협의하고 나와 생각이 다른 사람의 의견을 수렴하는 등 관계를 이루는 데 필요한 여러 가지 능력이 또래 아이들에 비해 떨어진다는 뜻이다.

그러나 심리적으로 미성숙하다고 해도 고학년에서는 학습 면에서 다른 아이들과 별다른 차이를 보이지 않는다. 즉 비교적 공부는 잘하고 발표도 잘한다. 그렇지만 자신의 의지와는 상관없이 그냥 해야 하기 때문에 별 고민 없이 하는 것일 가능성이 높다.

지금까지 살펴본 영화 〈인크레더블〉을 이용한 아이들의 심리 파악은 꼭 들어맞는 것은 아니다. 한 가지 캐릭터를 선택해서 글을 쓰더라도 의미 없는 문장을 나열해놓는 아이들도 있는데, 이런 경우에는 정확한 심리를 파악하기가 힘들다. 방어기제를 문장 속에 심어놓았기 때문이다.

아이들의 마음을 들여다보고 싶다면 아이들이 영화를 보고 난 후 극중 캐릭터에 대해 자유롭게 글을 써보라고 하라. 그러면 아이들의 솔직담백한 글이 나올 것이다.

〈인크레더블〉의 지도 가이드는 부록 264쪽을 참고하라.

Part 03

영화를 함께 보기 전에
꼭 알아야 할
올바른 초등생 자녀 교육법

아이가 자라도 부모 눈에는 언제나 아기 같다.
그래서 아기 같은 우리 아이가 다른 아이보다 뒤처지지 않도록
이것저것 챙겨주며 보듬고 보호하고 싶어진다.
그러나 15년 넘게 학교에서 아이들을 지켜본 필자의 눈엔
그러한 부모들의 모습이 '아이의 특성은 간과한 채
어른의 욕심을 채우기 위한 교육법'으로밖에 보이지 않는다.
그렇다면 초등생 자녀를 교육하는
올바른 방법은 무엇일까?

공포 영화와 자녀 교육의 공통점,
몰라서 무섭고 두렵다

나는 영화를 가리지 않고 보는 편이다. 그러나 유독 공포 영화는 잘 안 본다. 무섭기 때문이다. 그러나 스릴러나 미스터리 영화는 아주 좋아한다. 잔혹하지만 무섭지는 않아서다.

공포 영화를 보다 보면 꼬리가 아홉 개 달린 구미호가 언제 나올지 몰라서 무섭고, 영화 속 유령이 갑자기 발밑에서 기어 나올까 봐 무섭고, 비명과 함께 뭐가 튀어나올지 몰라서 무섭다. 어떤 일이 벌어질지 모르기 때문에 무서운 것이다. 공포 영화가 불러일으키는 공포의 본질은 '예측 불가능성'에 있다. 어떤 장면에서 어떤 일이 벌어질지 예상할 수 있다면 그렇게 무섭지는 않을 것이다.

학부모들과 상담하다 보면 아이를 기르고 교육하는 문제와 관련해 부모들이 공포 영화를 볼 때와 같은 두려움을 느끼는 것이 아닌가 하는 생각이들 때가 많다.

"초등학교 4학년인데 이제 영어, 수학을 좀 더 심화해야 하지 않나요?"

"영어는 파닉스(발음 중심 언어 지도법)부터 지도해주세요."

"우리 아이가 뒤처지는 건 아닌가요?"

"우리 아이는 다른 아이들보다 좀 잘한다는 소리를 듣는데, 영재교육을 시켜야 할까 봐요."

"6학년부터 중학교 선행학습을 해야 한다고 하던데, 학원에 더 보내야 할까 봐요."

이런 부모님들은 대부분 공교육에 대한 막연한 불신을 갖고 있다. 그래서 공교육만으로 아이를 교육하는 것이 무섭고 두려운 것이다.

부모들이 알아야 할 공교육의 의미

모든 부모들은 내 아이가 공부를 잘하길 바란다. 그렇다면 "공부를 잘한다는 게 과연 무엇을 의미하는가?"라고 묻는다면 뭐라고 대답할 것인가? 아마 대부분의 부모들이 '공부 = 성적 = 좋은 대학 = 안정된 직업'이라는 공식을 떠올릴 것이다. 물론 틀린 말은 아니다. 하지만 이 공식에 대입하면 공교육은 낄 자리가 없다. 왜냐하면 '바람직한 민주 시민의 자질 함양'이 초등학교 교육의 지향점이자 목표이기 때문이다.

갑자기 머릿속이 혼란스러울 것이다. 이제까지 한 번도 '바람직한 민주 시민의 자질을 길러주기 위해' 아이를 학교에 보낸다는 생각을 해보지 않았기 때문이다. 이렇듯 학교와 부모가 생각하는 지향점이 다르면 부모의 공포감은 극대화되고, 그 영향으로 이성적인 판단이 마비되어 올바른 방법을 찾는 게 더 어려워질 뿐이다.

"바람직한 민주 시민을 양성할 목적으로 공부를 시키는 것이 아이가 나중에 안정된 직장을 얻는 데 도움이 될까요?" 이렇게 묻는다면 "그렇다고 확답할 수는 없다"고 대답할 수밖에 없다. 또다시 "그러면 왜 학교 교육이 필요한가요?"라고 묻는다면 "아이들이 행복하게 사는 방법을 깨우치는 데는 공교육이 가장 효과적이기 때문"이라고 자신있게 답할 수 있다.

물론 아이들의 재능 하나하나를 살려주기에는 공교육이 부족한 것이 사실이다. 교실에서는 개별화 교육을 이상적으로 할 수도 없다. 하지만 공교육이라는 토대 없이 아이들의 재능과 개별화된 교육 방법을 찾기는 너무나 힘들다.

교사들이 무능해서 학교를 믿을 수 없다는 사람들이 있다. 하지만 교사들은 교육 전문가로서 자질을 갖춘 사람임엔 틀림이 없다. 점수를 따고, 문제를 풀고, 오답 노트를 정리해가며 교육대학교에 들어갔고 몇 가지 관문을 통과해 교사가 되었기에 문제 풀이와 성적 향상 노하우, 성적 올리는 방법은 누구보다 잘 안다. 그렇지만 민주 시민의 자질을 기르기 위한 공부와, 점수 따는 데 도움이 되는 공부는 다르기 때문에 교사들도 고민하고 갈등하는 것이다. 또한 아이들이 어떤 분야에 소질이 있는지, 어떤 학교에 진학할지, 어떤 사람이 될지, 어떤 직업을 가질지를 확신할 수 있는 사람은 아무도 없다. 그래서 아이들에게 "이렇게 살아가는 것이 정답"이라고 말할 수 없는 것이다.

아이들이 공교육을 통해 얻는 것은 점수를 따서 경쟁에서 이기는 법보다는 삶을 살아가는 바른 자세를 닦는 것이다. 도덕을 통해 인성의 기본을 닦고, 국어를 통해 듣고 읽고 말하고 쓰는 법을 배우고, 수학을 통해 논리적 사고의 기초를 닦고, 과학을 통해 새로운 것에 도전해보고, 사회를 통해 우리가 살아가는 공동체의 구조를 살펴보고, 영어를 통해 영미권 문화를 느껴보고, 체육·음악·미술을 통해 예술의 아름다움을 느끼고, 실과를 통해 노작의 즐거움을 느끼면 된다. 이런 과정들을 통해 '바람직한 민주 시민의 자질'이 길러지고 앞으로 나아갈 방향을 제시해줄 나침반이 마음속에 자리 잡게 된다.

그러니 부모들은 아이의 성적이 제자리걸음이라고 학교나 교사를 원망하기보다는 아이에게 삶을 살아가는 기본자세를 충실히 가르치도록 학교와 교사들에게 압력을 가해야 한다. 그리고 기다려야 한다. 교사들은 대한민국의 공교육이 변해야 한다는 데 동의하고 그에 맞춰 변화할 준비가 되어 있다.

내 아이만 잘돼야 한다고 생각하면 바뀌지 않는다. 내 아이가 잘되려면 남의 아이도 잘돼야 한다. 내 아이와 남의 아이를 함께 제대로 교육할 수 있는 집단은 학교뿐이라는 사실을 잊으면 안 된다.

촌지를 건네고 싶다면 이렇게!

촌지! 국어사전에 실린 뜻은 '마음이 담긴 작은 선물'이지만, 현실에서는 선물이 아닌 뇌물처럼 여겨지는 게 바로 촌지(寸志)다. 다행히도 요즘은 이런 촌지 문화가 많이 사라졌지만 오랜 세월 동안 촌지 문제로 적지 않은 갈등이 있어왔던 것이 사실이다. 물론 '안 주고 안 받는 게 최고'라고 생각은 하지만, 교사이면서 동시에 초등학생을 둔 학부모로서 촌지 문제는 쉽지 않음을 고백한다. 무조건 안 주자니 내 아이의 선생님께 무성의한 것 같고, 무조건 안 받자니 학부모들의 성의를 무시하는 것 같아 갈등할 때가 많기 때문이다.

다행히도 지금까지 내가 받은 촌지 중에는 문제가 될 만한 것이 없었다. 기억에 남는 촌지는 두 가지다. 1998년, 충남 당진에 있는 한 시골 학교에서 근무할 때 스승의 날에 꽃 몇 송이와 나물을 받았다. 나물은 부모 대신 손주를 키우는 할머니께서 손수 캐서 말린 것이었는데, "아이들 가르치는 데 고생 많습니다" 하시며 포대째 나의 손에 쥐어주셨다. 당시 자취를 하고 있었기 때문에 포대째 방 한구석에 두었다가 두 달 뒤 고향으로 내려가면서 가지고 갔다. 그런데 어머니께서 보시더니 나를 완곡하게 나무라셨다.

"이 정도 양을 말리려면 얼마나 오랜 시간과 정성이 필요한데, 그것도 모르고 처박아두었던 거니?"

2000년에는 경남의 한 학교에서 6학년 담임을 맡았는데, 역시 스승의 날에 교실로 들어서니 교탁 위에 아이들이 준비한 선물이 가득했다. 포장만 봐도 어떤 선물인지 대충 짐작이 갔다. 그 많은 선물들 틈에 편지 하나가 덩그러니 놓여 있었다. 나는 편지를 쓴 아이에게 "선생님한테 주는 선물이니 네가 직접 읽어줘"라고 했다. 편지 내용은 이러했다.

"스승의 날에 다른 아이들은 선물을 사 와 교탁에 올려두는데, 저는 선생님께 드릴 것이 없어 가슴이 아파요. 내가 나중에 돈 많이 벌어서 선생님께 멋진 선물을 사드릴게요."

가슴이 찡해왔다. 형편은 어렵지만 항상 밝고 명랑한 아이인데, 본의 아니게 그 녀석에게 고민과 슬픔을 준 것 같아 미안했다.

"내가 받은 선물 중에 네 게 최고다. 그리고 고맙다."

나는 그 아이를 꼭 안아주었고, 아이는 흐느꼈다. 그 아이를 통해 선물 때문에 한 명이라도 마음에 상처를 받는다면 그 많은 선물들은 내 마음에 독이 된다는 사실을 깨달았다. 그래서 그다음 해부터는 스승의 날 무렵에 아이들에게 이렇게 선언했다.

"스승의 날 선물은 졸업하는 날에 가지고 와라. 1년 동안 선생님이 정말 고마웠다면 그때 선물하는 것이 좋을 것 같다."

이후 많은 졸업식이 있었지만 선물의 양은 10분의 1로 줄어들었고, 어떤 때는 꽃다발 하나인 때도 있었다. 하지만 교탁에 한가득 선물이 있을 때보다 훨씬 마음이 편했다.

몇몇 학부모들은 돈 봉투를 찔러주었지만 그때그때 원만하게 돌려보냈다. 그런데 돌려주는 것도 많이 고민해야 했다. 사심없이 정말 감사하는 마음에 돈봉투를 준 학부모도 있었기 때문이다. 돌려보내기가 정 여의치 않을 때는 아이들을 위해 적절하게 쓴다. 이렇게 몇 년 하다 보니 이젠 선물이나 촌지를 받는 일이 거의 없다.

그런데 가장 부담되고 거부할 수 없는 촌지가 있다. 그것은 학부모와 아이들의 신뢰가 가득 담긴 "선생님만 믿습니다"라는 말 한마디다. 학부모와 아이들에게 줄기차게 세뇌(?)하는 것이 "차승민 선생님은 프로다. 나를 믿어라. 의심하지 말고 믿어라"다. 그런데 먼저 낮은 자세로 "선생님만 믿습니다"라고 하면 얼마나 부담되는지 모른다.

오늘도 강한 의무감과 무거운 책임감을 느끼게 해주는, 거부할 수 없는 촌지인 "선생님만 믿습니다"라는 말을 되새긴다.

미래가 기대되는
아이들

아이들을 가르치다 보면 어떤 아이의 미래가 밝을지 대충 감이 온다. 점쟁이가 아니어서 족집게처럼 맞히지는 못하지만 아이가 향후 어떻게 커나갈지 대략적으로 보이는 것이다. 필요하면 한번씩 그러한 생각을 아이들에게 이야기해주기도 한다.

비록 체계적인 연구 결과는 아니지만 내가 직접 보고 겪은 경험을 바탕으로 미래가 기대되는 아이들의 특징을 이야기하려고 한다.

실패를 두려워하지 않는 아이

요즘은 오디션의 전성기라고 할 만큼 오디션 프로그램이 방송사마다 인기다. 나도 한 명의 시청자로서 정말 재미있게 보고 있다. 그런데 지나친 '경쟁' 구도는 마음에 걸린다.

교실에서 수업을 하다가 아이들을 참여시키기 위해 경쟁을 유발할 때가 있다. 잘 활용하면 경쟁은 아주 좋은 동기 유발 요소다. 달리기를 해도 그냥 할 때보다 이어달리기를 하면 아이들은 더 재미있어 하고 운동 효과도 크다. 그러나 경쟁에 반감을 갖는 사람들은 '무한경쟁', '승자 독식', '공정하지 못한 경쟁', '출발선이 다른 경쟁'이라는 부정적인 표현을 사용하며 경쟁의 폐단을 이야기한다. 왜 그럴까?

경쟁은 '나를 적극적으로 드러내는 과정이자 결과'다. 그 과정만 보면 경쟁은 충분히 긍정적이다. 그러나 경쟁의 결과 구도를 생각하면 그리 긍정적이지 않다. 경쟁은 필연적으로 승자와 패자를 가린다. 승자는 축하와 환호, 칭찬을 한껏 받지만 패자는 사람들의 관심 밖으로 밀려나 경쟁에서 진 자신을 자책하게 한다. 이처럼 경쟁은 승자에겐 축복을, 패자에겐 시련을 안겨주는 이분법적이고 극단적인 상호작용이다.

아이들에게도 이 원리는 고스란히 적용된다. 단, 교사나 부모, 나아가서 경쟁에 참여한 아이들이 실패를 어떻게 받아들이느냐에 따라 어제의 패자가 오늘의 승자가 되는 기적을 낳을 수 있다. 그러니 실패는 성장하는 과정에서 무수히 거쳐야 하는 통과의례이며, 실패 없이 성공만 하는 것은 바람직한 인격을 형성하는 데 결코 도움이 되지 않는다는 점을 누구나 인지하고 있어야 한다.

그런데 부모들은 이 점을 간과한 채 아이들이 실패할까 봐 두려워하고 아이에게 "꼭 이겨야 한다"고 말한다. 그러면 아이들은 '실패하면 부모님이 실망하실지도 모른다'는 생각에 실패에 대한 두려움과 부담감을 함께 키운다. 그런 생각과 마음이 아이를 지배하면 경쟁에서 이겨도 만족하지 못하고, 행여라도 실패할까 봐 전전긍긍하게 된다. 특히 어릴 적부터 칭찬만 들어온 아이들은 자신에 대한 기대수준이 높아서 작은 실패도 받아들이지 못하거나 두려워한다. 그래서 잘하는 분야는 열심히 하지만 그 밖의 분야에는 관심이 없다. 문제는, 이렇게 상황을 회피하다 보면 발전 가능성이 바닥으로 떨어진다는 것이다.

도전정신은 향후 아이가 인생을 살아가는 데 큰 도움을 줄뿐더러 많은 경험을 하고 사회성을 획득할 수 있는 기회를 제공한다. '그까이거 뭐, 하면 되지!', '그게 뭐라고… 하면 되지!'의 정신으로 도전하고 실패도 해보고 그로 인한 실패감을 견딜 수도 있어야 한다. '해보니 별거 아니네'라고 실패를 아무렇지 않게 받아들일 때까지 말이다.

이제는 아이가 뭔가에 도전하면 "성공했니?", "이겼니?"라고 묻는 대신 "네가 한 일에 만족해?"라고 물어보라. 만일 아이가 실패했다면 실패의 의미를 얘기해주면서 좌절하지 않도록 도와주자. 누구보다 실패가 두렵고 부끄럽고 아쉬운 사람은 바로 '실패한 아이'이기 때문이다.

어른들은 아이의 실패에 대한 생각과 태도를 바꿔야 한다. 내 아이의 실패를 자신의 실패로 여기지 말고, 아이가 계속 성공하고 이기기를 기대하기보다는 '실패를 통해 커가는 아이'가 되기를 바라야 한다. 그러려면 성적에 대한 압박감은 줄여주는 게 좋다. 공부하는 과정은 실패를 거듭하는 과정이라는 것을, 그리고 실패를 통해 오류와 보완할 점을 찾아나가는 것 자체가 배움이라는 사실을 알게 해주어야 아이가 실패해도 포기하지 않고 앞으로 나아갈 수 있다.

만일 아이가 "제가 뭘 잘못했지요?", "어떻게 하면 이길 수 있어요?", "져서 분해요"라며 실패한 원인을 자신에게서 찾는다면 본인이 최선을 다했는지를 스스로 물어보도록 하면서 "다시 한 번 더 하더라도 지금보다 더 잘할 수 없더라도 실망하지 마. 최선을 다한 실패는 성공이나 마찬가지이니까"라고 얘기해주자.

아이들은 당장은 납득하지 못해도 언젠가 최선을 다한 실패의 순간들이 모여서 진짜 멋진 성공을 이룰 때가 온다는 것을 알게 된다.

어떤 아이들은 "쟤 때문에 망쳤어요!", "내 잘못이 아니에요!", "쟤가 반칙하는 바람에 졌어요!"라며 실패의 원인을 다른 사람에게서 찾는데 상황을 인정하고 받아들이도록 타이르는 것이 좋다.

승자를 칭찬하는 것은 별로 의미가 없다. 이겼다는 사실만으로 이미 많은 전리품(?)을 획득했기에 칭찬은 그다지 효과가 없기 때문이다. 그러나 무수한 실패를 이겨내고 작은 성공을 거두었다면 아낌없는 찬사를 보내야 한다.

잘 노는 아이

가끔 자유 시간을 빙자한 놀이 시간을 주고 아이들을 관찰하곤 한다. 특히 교실이 답답하게 느껴질 만큼 날씨가 화창한 날엔 어김없이 "운동장에 나가서 놀자"고 말한다. 그러면 아이들은 "와~" 하고 환호성을 지른 다음에 이렇게 묻는다.

"근데, 뭘 하고 놀아요?"

처음엔 이 말을 듣고 아이들이 장난치는 줄 알았다. 6학년씩이나 되어서 어떻게 놀아야 하는지를 선생님에게 묻는 아이들을 이해할 수 없었다. 그런데 경력이 좀 쌓이자 아이들끼리 제대로 놀아본 적이 없어 정말 뭘 하고 놀아야 하는지를 몰라 묻는 것이라는 걸 이해하게 되었다.

이런 이야기를 하면 어떤 학부모들은 "무슨 소리냐? 우리 아이는 집에만 오면 논다"고 반문한다. 그러나 내가 생각하는 '놀이'는 부모님들이 생각하는 것과는 조금 다르다. 놀이라는 것은 혼자가 아닌 '둘 이상의 아이들이 함께 하나의 놀이를 하는 것'이어야 한다. 다음과 같은 아이의 행동은 놀이가 아니라 혼자 하는 활동일 뿐이다. 형제 없이 혼자 크는 아이일수록 이러한 활동에 익숙하다.

● **혼자 하는 컴퓨터 게임** : 온라인 게임을 비롯한 모든 컴퓨터 게임은 서로 규칙을 정해야 하는 상호작용이 없으므로 놀이가 아니다.
● **혼자 방이나 교실에서 뒹굴거리며 시간 보내기** : 그저 시간을 때우는 것이다.
● **혼자 도구를 가지고 놀기** : 어떤 부모는 이런 아이의 모습을 보며 '우리 아이가 천재인가?' 하고 생각하는데, 그건 착각이다.

놀이는 반드시 둘 이상의 아이들이 모여 해야 교육적으로도 의미가 있다. 아이들의 학습 능력은 단순히 지능이나 기억력만으로 이루어지는 것이 아니다. 자세히 말하면, 모르는 것에 대한 호기심, 다른 사람의 말이나 행동에 공감하는 능력, 사물이나 대상의 본질을 파악하는 관찰 · 탐구 · 통찰력, 자신이 알고 있는 것을 실천하는 도덕성(실천력이라 하지 않고 도덕성이라고 표현하는 이유는 실천하려는 감정의 바탕에는 도덕성이 자리 잡고 있기 때문이다), 배운 것을 복습하는 끈기가 균형을 이루어 학습력 향상의 기초가 되는데, 혼자 하는 활동으로는 이 다섯 가지 능력을 고루 기를 수가 없다.

내가 어린 시절에 하던 놀이 중에 '오징어'가 있다. 운동장 한가운데에 오징어 모양의 그림을 그리고, 아이들을 공격 팀과 수비 팀으로 나눈 뒤에 공격 팀은 그림 밖에서 깨금발로 뛰어다니고, 수비 팀은 그림 안에 있다가

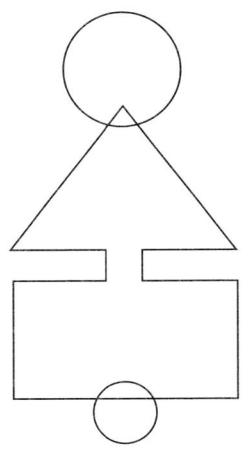

상대편을 끌어당겨 아웃시키는 놀이다. 공격 팀원이 아래쪽 원으로 들어가 삼각형과 원이 교차하는 공간을 밟고 위쪽 원으로 가면 이긴다. 이 놀이는 상대 팀을 아웃시키려 심하게 잡아당기다 보니 체력 소모가 아주 큰데다 옷이 찢기는 일도 많다. 또한 편을 갈라 몸으로 하는 전략 게임이라 단순하지 않고 많은 파생 전술이 나온다. 그래서 한번 빠져들면 무척 재미있다. 예전의 즐거운 기억도 생각나서 아이들에게 가르쳐줬더니 서로 치열하게 머리싸움을 하는 게 보였다.

'오징어'는 단순히 힘이 세거나 빠르기만 해서는 이길 수 없다. 규칙을 지켜야 하는 것은 물론이고, 팀원들끼리 의사소통을 잘해서 공략법과 방어법을 공유하고, 상대 팀원들의 움직임과 전술을 잘 파악해야 한다. 이렇게 몸과 머리를 움직이다 보면 공부에 필요한 기본 능력이 자연스럽게 길러진다. 또 규칙을 지키는 것이 승리감을 맛볼 수 있는 가장 현명한 방법이란 걸 깨닫고 공부나 다른 활동을 할 때도 변칙을 쓰지 않게 된다.

책상 앞에 오래 앉아 있다고 해서 공부가 잘되는 것은 아니다. 학원을 많이 다닌다고 공부를 잘하는 것도 아니다. 공부의 의미를 알고 스스로 목표(규칙)를 세우고 그 규칙을 따라 공부하는 습관을 들이면 향후 높은 학업 성취를 보장받을 수 있다. 이러한 성향은 놀이를 통해 습득된다.

시간을 내서 내 아이가 친구들과 어떻게 노는지 관찰해보자. 친구들과 잘 어울려 놀고, 시간만 주면 재미있게 열심히 놀 줄 안다면 미래가 매우 기대되는 아이다.

꿈이 있는 아이

꿈이 명확한 아이들이 있다. 그 아이들은 멋있어 보이는 직업 하나를 골라 그런 사람이 되겠다고 말하는 것이 아니라, 그런 사람이 되려면 무얼 어떻게 해야 하는지를 구체적으로 생각한다. 그리고 자신의 꿈을 이야기할 때면 얼굴에 생기가 돌면서 침을 여기저기 튀기며 신나게 설명한다.

이렇게 뚜렷한 꿈(목표의식)이 있는 아이들은 누가 옆에서 강요하지 않아도 자신의 꿈을 향해 한 발 한 발 나아간다. 이런 아이들은 실패해도 좌절하거나 낙담하지 않고 다시 일어나 꿈을 향해 나아간다. 이런 아이들의 미래가 기대되는 건 너무나 당연하다.

수업 시간에 몰입하는 아이

공부를 열심히 하지 않는데도 공부를 잘하는 아이가 있다. 그런 아이들은 평소엔 장난을 치며 놀기만 하는데 수업 시간만큼은 몰입도가 높다.

반면, 수업시간에 집중을 잘해도 성적이 잘 오르지 않는 아이도 있다. 그러나 성적이 오르지 않더라도 걱정할 필요는 없다. 가르치는 사람을 신뢰하고 수업에 몰입하는 아이는 학년이 올라갈수록 분명 학습력이 향상될 것이기 때문이다.

배려할 줄 아는 아이

아이들이 축구하는 모습을 지켜보면 실력이 뛰어난 아이들이 매너도 좋다. 반면 자신보다 실력이 떨어지거나 실수한 친구를 질책하고, 경쟁심까지 강한 아이들은 실력이 부족하고 배려심이 없는 경우가 많다.

배려심이 많다는 것은 그만큼 자신감이 있고 실력이 뛰어나다는 것을 의미한다. 내 것을 포기하고 남에게 줄 때는 큰 용기가 필요하지만, 내 것이 남을 때 그것을 필요로 하는 친구들에게 나누어주는 것은 그리 어려운 일이 아니다. 여기서 '남는 것'은 단순히 물질만 지칭하지는 않는다. 내가 가진 지식, 경험, 느낀 점, 그외의 소소한 것까지 모두 포함한다.

그런 아이들 주변에는 친구들이 모인다. 그 과정에서 아이는 건강한 사회성을 형성하게 되고, 이는 향후 긍정적인 자아 형성에 영향을 미친다.

예의 바른 아이

핵가족화되고 한 가정당 자녀 수가 적다 보니 자기 마음대로 하려 하고 어른을 우습게 보는 아이들이 많다. 그리고 요즘 아이들은 아주 어릴 때부터 사교육과 독서 교육을 받고 컴퓨터를 써와서 그런지 지식도 과거의 또래 아이들보다 많다.

하지만 통합적으로 받아들인 지식이 아니라서 체계적인 지식을 습득하는 데 오히려 걸림돌이 되기도 한다. 예를 들어 선생님이 어떤 얘기를 하면 '저건 어디서 들어본 건데. 그럼 안 들어도 되겠군' 하며 집중하지 않고 딴 짓을 한다. 예의의 다른 표현은 타인에 대한 집중력이다. 예나 지금이나 자신의 말을 귀 기울여 듣고 의미 있게 행동하는 제자에게 스승은 아낌없이 주려 한다. 아무리 똑똑해도 예의를 가르치지 않으면 오히려 학습을 방해하고 미래마저 불투명하게 만드는 것이다. 그러니 자녀의 미래를 위한다면 우선 예의부터 가르치자.

공부는 꿈을 이루는
과정일 뿐이다

아이들이 제일 듣기 싫어하는 잔소리 중 하나가 바로 "공부하라"다. 어른들이 아이들에게 가장 많이 하는 잔소리도 "공부하라"다. 그런데 우리 어른들은 공부해야 하는 이유에 대해서는 그다지 깊이 생각하지도, 아이들에게 명확히 설명해주지도 않는다.

나는 학기 초가 되면 비교적 많은 시간을 들여서 아이들과 '공부해야 하는 이유'를 주제로 토론한다. 우선 아이들에게 "왜 공부해야 한다고 생각해?"라고 묻는다. 그러면 대충 이런 대답들이 나온다.

"부모님이 시키니까요."

"공부를 잘해야 ○○○를 사준다고 했어요."

"성적이 잘 안 나오면 혼나요."

부모님들과 상담하다 보면 이보다 더 막막한 대답을 듣게 된다.

"초등 4학년 때부터 수준이 높아진다고 하는데 특별한 대책은 없나요?"

"영어가 중요하다고 하는데 학교 수업만 믿고 있을 수는 없어요."

"우리 애만 뒤처지는 건 안 돼요."

"남들도 다 시키니 안 시킬 수가 없어요."

그렇지만 아이들과 부모들이 간과하는 것이 있다. 바로 초등학교 교육의 학습 목표 자체가 그렇게 높지 않다는 것이다. 국민공통교육과정 중 초등학교 과정에서는 '기본, 기초 교육'이 중심이다. 따라서 말하고 듣고 읽고 쓰고 셈하는 등의 기본 교과가 주를 이룬다. 그런데 사회와 부모들의 기대치는 교육과정에서 제시하는 목표를 훨씬 웃돌고 있으며, 그 차이는 고스란히 아이들이 부담으로 떠안고 있다.

아이들 앞에서 "공부하는 거 참 쉽죠 잉~"이라고 농담을 하기도 미안할 정도로 아이들이 공부에 대해 느끼는 부담감은 아주 크다. 운동장에서 뛰어놀고 싶어도 함께 놀 친구가 없어서 학원에 가는 게 현실이다.

부모들도 나름대로 고민이 많다. 특히 맞벌이하는 부모들은 아이에게 신경 써주지 못하는 것이 아닌가 하는 불안감과 미안함, 직장생활로 인한 피곤함 때문에 자신을 대신해서 지도와 보육을 함께 해줄 학원에 아이를 보낸다. 그러면 아이는 부모의 기대를 저버릴 수 없어 학교와 학원을 시간 맞춰 돈다. 이렇게 부모와 아이 모두 행복을 느낄 새도 없이 지친 나날을 살아간다.

이제는 공부에 대한 인식을 바꿔야 한다. 공부는 성적을 올리기 위해서

하는 것이 아니라 '무언가를 배우기 위해서' 하는 것이다. 공부를 하려면 지식의 전달자인 교사의 도움을 받아야 하고, 같이 공부하는 친구들과 협력하거나 때에 따라서는 경쟁도 해야 한다. 이런 과정을 거치며 아이들은 살아가는 데 필요한 지식을 배우는 것이다.

아이들에게 공부는 '꿈을 이룰 수 있는 가장 확실한 도구이자 수단'이기도 하다. 불평등한 사회에서 그나마 공정하게 경쟁할 수 있는 것이 공부이고, 자신의 꿈에 한 발짝 다가서게 해주는 것 역시 공부다. 그래서 수업 시간에 아이들의 꿈을 하나하나 짚어가며 막연한 꿈이 아닌 좀 더 구체적인 목표를 세워 꿈에 한 발 한 발 다가가길 권한다.

요즘 개별화 교육이 중요하다는 얘기를 듣고 문의하는 부모들이 많다. 그런데 개별화 교육이라는 게 뭐 특별한 교수법이 아니다. 말 그대로 '아이들의 성향에 맞게 대하는 것'이다. 오늘부터라도 우리 아이의 성향이 어떠한지 잘 관찰해보자. 그리고 여태껏 좋은 성적, 명문대 입학 같은 목표를 강요하며 아이의 성향이나 진심을 무시하지는 않았는지, 아이의 행복이 성적과 비례한다고 생각해 공부하라고 닦달하지는 않았는지도 되돌아보자.

아이의 성적이 나쁘다고 두려워하거나 초조해하지 말자. 부모의 두려움은 아이들에게 고스란히 전달된다. 공부는 꿈을 이루는 과정일 뿐이다. 내아이가 꿈이 없는 아이라면 꿈을 가질 수 있도록 격려하고, 꿈이 있는 아이라면 차근차근 꿈에 가까워지도록 함께 길을 찾아줘라. 그리고 아이를 믿고 기다려줘라.

부모의 낮은 자존감,
아이에게 대물림된다

보통 자존감이 높은 아이들은 다음과 같은 특징이 있다.

- '나는 다른 사람에게 존중받을 가치가 있다'라고 생각한다(긍정적인 자아상).
- 도전정신이 강하고 실패를 두려워하지 않는다(자신감).
- 상대방이 어떤 의도로 말하거나 행동하는지를 이해한다(공감력).
- 학업 성취도가 높다.
- 리더를 맡는 경우가 많다.

아이는 학교에 입학하는 순간부터 자존감에 커다란 위기를 맞이한다. 부모와 보육기관의 울타리를 벗어나 학교와 학급에 속하면 스스로 할 일을 찾아야 하고, 친구를 사귀어야 하고, 양보도 배워야 하고, 하기 싫은 일도 해야 한다. 그러다 보면 잘하는 일과 못하는 일이 드러나고, 질책과 꾸중도 듣게 된다. 무엇보다 가정에서 최고의 자리를 누리던 아이는 자신만 사랑해주지 않는 선생님이란 존재를 겪으면서 어느덧 '그저 그런' 사람이 되어버린다. 이런 상황이면 소극적이고 내성적인 아이일수록 더 큰 좌절감을 느낄 수 있고, 뭐든 자신 있게 잘하던 아이는 더 잘해야 한다는 강박관념에 스트레스를 받을 수도 있다.

그런데 이런 난관과 불안이 아이에게 나쁜 영향만 주는 것은 아니다. 물론 쉬운 일은 아니지만 대부분의 아이들이 잘 적응해나간다. 즉 어른들보다 훨씬 뛰어난 공감력을 바탕으로 학습해나가기 시작한다.

그러나 이런 혼돈의 단계에서 적응하지 못하면 자존감이 낮은 아이가 되고 만다. 자존감이 떨어진다고 모든 아이에게 문제가 생기는 것은 아니지만, 인성의 조화로운 발달에는 좋지 않은 영향을 끼치는 것이 사실이다.

낮은 자존감 때문에 아이에게 어떤 문제가 생겼을 때 대부분의 부모들은 문제의 근원을 자존감이 아닌 다른 데서 찾는다. 그리고 교사를 못미더워하면서 이렇게 항의한다.

"우리 아이가 선생님께 차별 대우를 받고 있는 건 아닌가요?"

"선생님이 칭찬보다는 질책으로 우리 아이를 대하고 있는 건 아닌가요?"

"못된 친구들 때문에 내 아이가 소극적으로 생활하고 있는 건 아닌가요?"

"집에서는 잘하는데 학교에서 적응하지 못하는 것은 학교의 대처가 미흡하기 때문 아닌가요?"

"우리 아이는 잘하는데 다른 아이들 때문에 고통받고 있어요."

"우리 아이는 특별하니 무조건 관심을 가지고 지도해주세요."

"선생님의 지도 방식을 믿지 못하겠어요."

이런 부모들과 상담하다 보면 답답할 때가 많다. 왜냐하면 부모 역시 자존감이 낮을 확률이 높기 때문이다. 자존감이 낮은 부모일수록 교사와 상담할 때 소극적이고 내성적일 것 같지만, 전혀 아니다. 그런 부모들은 자신을 방어하는 데 매우 적극적이며, 교사의 잘못인지 아닌지 알아보지도 않고 따지듯이 말한다.

이렇게 행동하는 이유는 '아이가 잘못한 것에 대해 사람들은 부모인 나를 비난할 거야'라는 생각이 마음 밑바닥에 깔려 있기 때문이다. 그리고 교사가 아이의 문제를 지적하는 것이 자신에 대한 비난으로 들리면 그때부터 교사와 부모의 갈등은 더욱 커진다.

아이의 자존감을 높이는 가장 좋은 방법은 부모 스스로 자신의 자존감을 높이는 것이다. 부모의 낮은 자존감이 그대로 아이에게 전달되기 때문이다. 교사들도 자존감이 낮은 아이들을 신경 쓰기는 하지만 교실에서 지속적으로 배려하기는 힘들다. 그 이유는 대부분의 아이들은 자존감이 떨어지는 아이를 '약자'라고 생각하지 않을뿐더러 선생님이 한 아이에게 특별한 관심을 쏟는 데 무척 민감하기 때문이다. 아이들의 시선을 무릅쓰고 한 아이를 계속 두둔하면 아이들은 '공평하지 못한 선생님'이라고 생각하고 특별히 예쁨 받는 아이를 시샘한다. "다른 아이들을 설득하면 되지 않느냐"라고 반박하는 분이 있겠지만, 설득당하는 아이는 소수이고 대부분 아이들이 그 부모들과 함께 오해하기 쉽다.

이럴 때 나는 다양한 방법을 동시에 사용한다. 어떤 상황이냐에 따라 사용하는 방법이 달라서 자세하게 설명할 순 없지만 자존감이 떨어지는 아이를 배려하기, 다른 아이들에게 이해 구하기, 차별화된 성취 동기 부여하기, 과실에 대해 객관적으로 질책하기 등 매우 복잡한 기법들을 사용한다. 겉으론 매우 단순해 보이지만 내면적으로 복잡한 심리 게임을 이끌어가야 하기 때문에 정신을 바짝 차려야 한다.

아이가 자존감을 조금씩 회복하면 다행이지만, 그렇지 않을 때는 상황이 난감해진다. 영악한 아이들이 그 아이를 이용하는 경우도 있고, 동급생 간에 서열이 정해져버리면 그 아이의 안전이 매우 위험해질 수도 있다. 자존감이 낮은 아이가 영악한 아이들에게 보호받으려고 하는 어처구니없는 일도 벌어진다. 은밀하게 이런 교우 관계가 형성된다면 경험 많고 노련한 교사라 할지라도 학급 경영에 애를 먹는다.

그러면 아이의 낮은 자존감으로 인해 생기는 문제는 어떻게 극복해야 할까? 교사와 부모가 함께 문제를 해결하려 노력하는 것이 가장 좋다. 아이의 가능성과 문제점을 솔직하게 드러내놓고 논의하되 교사는 어떤 형태로든 학부모를 질책하기 위해 상담하는 것이 아님을 충분히 전달해야 하고, 부모는 전문가인 교사의 지도 방법을 절대 존중해야 한다.

물론 교사마다 지도 방법이 다르다. 격려를 많이 하는 교사가 있는가 하면, 질책을 많이 하는 교사도 있다. 그렇지만 교사에게는 경험을 바탕으로 한 전문 지식과 식견이 있는 것은 분명하다. 만일 자녀가 자존감이 떨어져 보인다면 감추거나 원망하지 말고 담임교사에게 상담을 의뢰하라. 그러면 당장은 고통이 따르더라도 반드시 좋은 결과가 나올 것이다.

지시하는 부모,
선택하게 하는 부모

　집 근처 한 분식집에서 식사를 하고 있었다. 그런데 옆 테이블이 시끌시끌했다. 자세히 보니 아이가 밥을 먹는데 옆에서 엄마가 "이거 먹어라", "저것도 좀 먹어라"하고 참견하면서 집에 가서 문단속을 잘하고 있으라는 둥, 숙제는 해놓으라는 둥 주의사항을 이야기하고 있었다. 그리고 분식집 출입문 앞에 서 있는 아빠는 아내에게 빨리 오라고 재촉하고 있었다. 눈치를 보니, 부부 동반 모임을 가는데 엄마는 저녁 시간에 혼자 있을 아들이 걱정되어 식사를 챙겨주고 부모가 집에 없을 때 해야 할 일을 당부하는 것 같았다.

　흔한 일이지만 방법이 문제다. 엄마는 한 얘기 또 하고 몇 번이나 다짐을 받은 뒤에야 분식집을 나섰다.

　홀로 밥을 먹고 있는 아이에게 물었다.

"몇 학년이야?"

"5학년이에요."

"○○초등학교에 다니는구나. 엄마는 평소에도 저러시니?"

그 순간 아이는 멀뚱하니 나를 쳐다보더니 고개 숙이며 힘없이 대답했다.

"네…."

그 아이는 부모 없이 혼자서도 집에 있을 수 있는 아이였다. 문제는 아이를 못 믿는 엄마다. 왜 못 믿을까? 기회를 줘본 적이 없어서다. 이런 엄마들은 자신이 아이를 무척 사랑하며 걱정하는 마음에 그렇게 하는 거라고 말하겠지만 뭐든 지나치면 아니함만 못한 것이다. 물론 모든 부모의 눈에는 자식이 어리고 미숙해 보인다. 그러나 요즘 아이들은 4학년만 되어도 이렇게 얘기한다.

혜수 : 우리 엄마 땜에 스트레스예요.

교사 : 왜?

혜수 : 제 마음대로 하게 내버려두질 않고 꼭 엄마가 원하는 걸 해야 하거든요.

교사 : 싫다고 해보지.

혜수 : 그럼 난리가 나요.

교사 : 그럼, 넌 하고 싶은 게 있어도 엄마가 하자는 대로 하는 거야?

혜수 : 네….

교사 : 네가 고생이 많다.

초등 4학년 여학생과 나눈 실제 대화 내용이다. 엄마가 생각하는 것보다 아이가 무척 어른스러운데도 엄마는 그걸 눈치채지 못하거나 아니면 아이가 컸다는 걸 인정하지 않는다. "네가 고생이 많다"는 말 한마디로 나는 그 여학생과 눈빛만으로도 통하는 사이가 되었다.

보통 엄마들은 아이에 대한 걱정을 이렇게 표현한다.

"이거 해봐."
"왜 이거 안 해?"
"엄마 속 썩일 거야?"
"왜 하라는 대로 안 해?"
"엄마 좋으라고 이러는 줄 아니?"
"엄마 땐 안 그랬어. 지금이 좋은 줄 알아."

이건 대화가 아니라 지시다. 아이들이 제일 싫어하는 말들이다. 이런 말에 아이들은 반항하거나 침묵을 선택한다. 이 중에서 침묵하는 아이가 더 무섭다. 반항이라도 하면 서로 고칠 기회가 생기지만, 침묵하면 당장은 조용해도 언젠가는 크게 폭발해버리기 때문이다. 하지만 엄마들은 자기 말에 순종한다면서 "우리 아이는 참 착해요"라고 자랑한다.

더 큰 불화가 일어나는 것을 막으려면 어떻게 해야 할까? 아이가 스스로 선택하게 해야 한다. 예를 들면 아래와 같은 식이다.

부모 : 지금 두 가지 중에 하나를 선택할 수 있어. 하나는 ○○인데, 이런 좋은 점과 저런 나쁜 점이 있어. 두 번째는 △△이야. 이건 이런 좋은 점과 저런 나쁜 점이 있어. 뭘 선택할래?
아이 : 둘 다 안 하면 안 돼요?
부모 : 그러고 싶어? 그럼, 네 생각을 말해봐.

아이의 선택에 대해서는 스스로 책임지도록 해야 한다. 그런데 아이들은 책임지는 것을 싫어한다. 책임지는 것을 '혼나는 것'으로 받아들이기 때문이다. 하지만 잘못에 책임을 지는 경험을 통해 교훈을 얻을 수 있어야 아이들은 진정성을 담아 올바른 선택을 한다.

아이가 실패하거나 실수했을 때 "왜 이것밖에 못해?", "넌 뭐가 되려고 이러니?", "빨리 잘못했다고 해!", "너 땜에 못 살아"와 같이 말하는 건 아이의 인생에 전혀 도움이 되지 않는다. 대신 이렇게 얘기해주자.

"다치지 않았니?"

"잘못한 것이 있으면 먼저 사과하고 책임질 것이 있으면 깔끔하게 책임져라."

"뭘 잘못한 것 같아?"

"열심히 하다가 실수한 것에 대해서는 뭐라고 하지 않겠어. 단, 같은 실수를 반복하면 안 되겠지?"

선택을 하고 책임을 지게 하는 것이야말로 아이의 자존감을 높이고, 나아가 학업 성취도를 높이는 길이다.

좋은 태도도
능력이다

    아이들은 능력과 태도의 차이를 잘 알지 못한다. 정확하게 이야기하면 '능력 = 성적'이라 생각하고, '태도'는 '어른들이나 선생님에게 혼나지 않는 행동'이라 생각한다. 실제로 '바른 자세', '예의 바르다' 등 아이들의 태도를 규정하는 말들은 결국 부모나 교사의 지시를 얼마나 잘 지키느냐를 기준으로 정해지기 때문이다.

    아이들과 부모들은 '능력 = 성적'이라는 등식을 신앙처럼 믿고 있다. 너무 심각하게 왜곡하지만 않으면 교사로서는 그리 나쁜 것만은 아니다. 그렇지만 '태도'를 수동적이고 피동적인 개념으로 받아들이는 점에 대해서는 고정관념을 깨야 할 필요가 있어 보인다. 그 이유는 태도가 능력으로 발전할 수 있기 때문이다.

    능력으로 발전할 수 있는 초등학생에게 필요한 좋은 태도는 다음과 같다.

'1분 법칙' 지키기

'1분 법칙'이란 '수업 시간 30초 전에 책을 꺼내고, 수업 마치고 30초 동안 책을 정리하는 것'이다. 그럼 왜 이 법칙을 지키는 것이 좋을까?

하루에 6시간 수업하면 매일 6분을 절약할 수 있다. 별것 아닌 것 같아도 1년 동안 모으면 엄청난 시간이 된다. 그리고 수업에 들어온 선생님은 먼저 수업 준비를 해놓고 기다리는 아이에게 조금이라도 더 알려주고 싶어한다.

반갑게 인사하기

나는 인사의 중요성을 아이들에게 누누이 강조한다.

"아침에 학교 올 때 부모님께 반듯하게 인사하고 나와라."

"동네 어른들을 만나면 깍듯하게 인사해라."

그러면서 눈을 마주치고 반듯하게 인사하고, 인사하고 난 후 미소를 띠며 눈을 마주치는 연습을 덩치 큰 6학년 학생들과 한다. 인사를 해야 하는 이유는 아이들이 이해하기 쉽게 이렇게 설명한다.

"사람은 살아가다 보면 누구나 반드시 잘못을 하게 되어 있다. 평소에 인사를 잘하는 아이는 부모와 어른들에게 좋은 인상을 심어줘 너희들이 설령 실수를 하더라도 눈감아준다."

스스로 방 청소하기

　남학생들은 특히 자기 방 정리를 잘 못한다. 가정방문을 가지 않아도 방 청소를 하는지 안 하는지 대충 알 수 있는 방법이 있다. 사물함, 책상 속, 신발장을 살펴보면 바로 견적이 나온다. 이 세 가지를 평소에 정리하지 않는 아이의 방은 안 봐도 뻔하다.

　아이에게 방 청소 습관을 들이고자 할 때는 이렇게 말하면 효과가 좋다.

　"자기 방을 스스로 정리하면 어른으로 대우해주겠다."

맡은 역할 충실히 하기

　맡은 역할을 충실히 하게 하려면 아이들에게 작은 일이라도 매일 맡겨서 하게 하는 것이 좋다. 이를테면 교탁 정리, 우유 배달, 책꽂이 정리, 칠판 정리 등 아이가 하루에 10분 정도면 할 수 있는 일을 적절하게 배분하고 또 효율적으로 할 수 있는 방법을 알려준다. 쓸고, 닦고, 빨고, 정리하고…. 처음엔 하나하나 시범을 보여주고, 아이가 손수 할 때는 관찰을 한다.

　자신이 맡은 일을 소홀히 하거나 대충 하면 매우 단호하고 엄하게 경고한다. 작은 일도 꾸준히 하지 못하면 큰일도 못한다고 일러준다. 아이에게 좋은 태도를 심어주고자 할 때 가장 신경 써야 할 점은 동기 부여를 강하게 해주는 것이다. 아이들은 자기에게 이익이 되면 하고 이익이 없으면 하지 않는다. 이를 아이들의 나쁜 습성이라고 지적하기보다는 이 점을 이용하는 편이 좋다. 그러면서 꾸준히 역할을 일깨워주고 간간이 엉성한 일 처리를 눈감아주면 된다.

인성 교육에
마음을 열어라

인성 교육은 더불어 살아가는 현대인에게 꼭 필요한 것이지만 성적과 직접적인 관련이 없다는 이유로 우선순위에서 밀리고 있다. 인성 교육은 교과서가 필요 없는 일상 속 가르침이다. 교과 수업을 하다가도, 급식을 하다가도, 청소를 하다가도 할 수 있는 것이다. 나는 인성교육을 아주 중요하게 여기는 한 사람으로서 필요할 때는 인성 교육이나 생활태도와 관련된 이야기를 하느라 수업 시간을 쓰기도 한다. 간혹 학부모나 학생들은 이러한 교육 방식에 의문을 품는데, 아마 아래와 같은 우려 때문일 것이다.

● 수업 시간에는 공부를 열심히 해야 하는데 쓸데없는 일에 시간을 낭비하는 것 아닌가?
● 학교 수업도 모자라다고 생각해서 학원까지 다니는데 너무 수업에 충

실하지 못한 것 아닌가?

- 인성 지도도 중요하지만, 일단 교과 수업이 기본이 되어야 하는 것
  아닌가?
- 내가 보기엔(내가 느끼기엔) 인성 교육은 도덕 수업으로 충분한데, 왜
  그렇게 집요하게 인성 교육을 한답시고 아이들을 들들 볶는가?

특히 자기 자녀의 성적이 떨어지면 불신의 강도가 더 세진다. 이 모든 의문에 대한 대답은 간단하다. 학생들의 태도가 제대로 잡히지 않은 상태에서는 수업을 해도 아무런 효과가 없기 때문이다.

'초등교육 과정의 특수성'을 잘못 이해하는 학생과 학부모들이 많다. 전 국민 모두 초등교육을 경험했기 때문에 자신의 경험에 기초하여 이런저런 이견을 제기하지만 알고 보면 그런 의견들은 대부분 지엽적인 시각에서 비롯된 것들이다. 특히 학교나 교사에 대해 안 좋은 경험을 한 사람일수록 초등교육을 불신한다. 경험에서 우러난 견해가 의미 없다는 것이 아니라, 지엽적인 관점에서만 보다 보니 전체를 보는 시각을 놓칠 수 있다는 점을 지적하고픈 것이다.

앞에서도 말했듯이 초등학교에서는 대부분 기본, 기초교육이 이뤄진다. 가장 고학년인 6학년도 10과목의 정규 교과목과 재량, 특별활동을 다 합쳐서 1년에 1104시간의 수업을 받는다. 그리고 각 수업 시간마다 시간별 목표가 정해져 있다. 과정을 살펴보면 시간별 수업 목표가 그렇게 높지 않으며, 보통 아이들이 보통의 교육을 받으면 보통의 성취 수준을 이룰 수 있다. 그럼에도 부모들이 선행학습을 시키는 이유는 바로 자녀의 미래를 탄탄하게 만들어주어야 한다는 책임감과, '대학 입시'가 아이의 미래를 결정짓는다는 생각이 합쳐지면서 일종의 공포와 불안감을 느끼기 때문이다.

이러한 공포와 불안감은 "중학교에 올라가서 쉽게 적응하려면 초등학교 저학년 때부터 상위 과정을 먼저 배워두는 것이 더 이롭다", "성공한 집 아이들(명문대학에 들어간 자녀를 둔 주변인)은 다 이렇게 한다더라", "우리 아이도 늦었다고 하더라"… 이런 이야기를 들으면 더욱 극대화된다.

그럼 아이 입장은 어떨까? 현장에서 15년 넘게 관찰한 바에 의하면, 아이들은 "지금 학교에서 배우는 내용을 익히면서 친구들과 선생님과 즐겁게 생활하고 싶은데 엄마가 혹은 아빠가 좋은 대학에 들어가야 한다면서 어려운 공부를 시켜서 스트레스를 받는다"고 말한다. 이것은 학습 태도를 나쁘게 하는 가장 큰 원인이다. 배우려는 열의, 새로운 것에 대한 흥미, 내가 뭔가를 해야 한다는 책임감, 남과 함께해야 한다는 공동체의식, 힘들어하는 친구를 도와야 한다는 배려심… 이런 태도가 학습 태도에 지대한 영향을 미치는데 선행학습에 대한 스트레스로 아이들은 이러한 인성들을 익힐 기회조차 갖지 못하고 있는 것이다.

아이의 장래를 생각해서라도, 그리고 성적만 놓고 보더라도 초등학교에서는 지금 당장의 점수보다는 태도를 더 중요하게 생각해야 한다. 앞서 언급했듯이 초등교육 과정에서는 기본, 기초교육을 탄탄히 하는 것이 아이들의 지적 발달이나 중·고등학교 교육 준비를 위한 효과적인 방법이기 때문이다.

교사와 부모는 평소에 인성 교육을 자연스럽게 하면서 학교 수업을 통해 배워야 할 내용의 뼈대를 잡아주고, 복습을 통해 아이 스스로 살을 붙이도록 도와주면 된다. 물론 살을 붙이는 방법은 최대한 자세히 설명해준다. 요약 정리된 학습 정리물은 손쉽게 구할 수 있다. 그러니 뼈대에 살을 붙이는 방법만 제대로 알아도 자기주도적 학습 태도를 기를 수 있다.

아이들은 주어진 학습 시간표가 아닌 유연한 사고와 학습과정 속에서 규율을 스스로 마련함으로써 더 능동적으로 사고하고 행동할 수 있게 된다. 이 단계가 되면 학습지도를 맹렬하게 하더라도 아이들이 능동적으로 따라오고 성취 수준을 조금 높여도 무리 없이 따라온다.

'인성 교육의 바탕 없이 하는 학습지도는 무용지물'이라는 사실을 명심해야 한다. 인성이 갖춰진 아이들은 학업 성취도가 향상되기 마련이다. 이것은 경험으로 터득한 깨달음이기에 확신할 수 있다. 다만 시기에 차이가 있을 뿐이다.

아무리 시대가 바뀌고 첨단화된다고 해도 태도의 중요성은 변하지 않는다. 인성 교육이 제대로 된다면 좋은 학습 태도는 저절로 따라온다.

또래를 통해 익힌 사회성이
학습에도 영향을 끼친다

한때 감성지수(EQ) 열풍이 불었는데, 요즘에는 사회성지수(SQ)에 대한 관심이 높다. 이 ○○지수 열풍에는 수치에 민감하고 이것을 교육과 접목하는 것을 좋아하는 우리나라 사람들의 특성이 반영되어 있다.

국어사전에서는 사회성을 이렇게 정의한다.

'사회생활을 하려고 하는 인간의 근본 성질, 인격 혹은 성격 분류에 나타나는 특성의 하나로, 사회에 적응하는 개인의 능력이나 소질, 대인관계의 원만성 따위다.'

이 문장에서 '사회에 적응하는 개인의 능력과 소질', '대인관계의 원만성'을 눈여겨봐야 한다. 이것이 사회성의 핵심이기 때문이다.

사회성은 기능과 관련된 능력이 아닌 생존과 관련된 능력이다. 아이들은 학습 이전의 '놀이' 단계에서 사회성을 배운다. 혼자 노는 것보다 같이 노는 것이 더 재미있다는 사실을 배우면서 자연스럽게 사회성을 학습해간다. '놀이' 단계에서 배운 사회성은 '학습' 단계로 자연스럽게 이어진다.

사회성이 학습에까지 영향을 끼친다는 것을 이해하기 힘들다면 "배움은 모방에서 시작된다"는 말을 떠올려보라. 아이가 엄마를 통해 언어를 습득하는 것도 모방이고, 습관이나 태도가 형성되는 과정 또한 모방에서 시작된다. 잘 따라해야 잘 배울 수 있는 것이다. 그런데 따라하려면 관찰력과 집중력이 있어야 하고, 모방한 것을 자기 것으로 만들었으면 그다음엔 다른 사람에게 알려주어야 한다. 이것이 바로 관찰과 집중, 배려이며 사회성의 핵심이다. 여기에 한 가지 더, 잘 따라하고 잘 가르쳐주려면 의사소통 능력이 필요하다. 상대방의 감정을 읽고 자신의 감정을 전하는 의사소통 능력은 곧 관계를 구성하는 능력이다.

교실에서 일어나는 일을 예로 들어 설명해보겠다. 수학 시간에 칠판에 문제를 적어놓고 아이들에게 "나와서 풀어보라"고 하면 아무리 쉽게 가르쳐줬어도 풀지 못하는 아이들이 꼭 있다. 그러면 교사는 그 아이 옆으로 가서 문제 푸는 과정을 다시 설명해준다.

"이렇게 하는 거야. 쉽지? 다시 해봐."

아이에게 분필을 쥐어주고 다시 풀게 하지만 또 못 푼다. 아이가 주눅들까 봐 자리로 가서 앉으라고 하고, 다른 아이들이 문제를 푸는 동안 그 아이 곁으로 가서 다시 알려준다. 그런데 또 못 푼다. 교사는 아이의 빨개진 얼굴을 보고는 귀찮고 힘든 척하면서 다 푼 아이들에게 가르쳐주라고 한다.

"원빈이가 이 문제를 이해할 수 있게 설명해주면 스티커 한 장 줄게."

이러면 아이들이 모여서 가르쳐준다. 어떻게 가르쳐주나 멀찍이 서서 쳐다보면 가관이다.

"어쩌고저쩌고…."

"그럼 이렇게 하면 되나?"

"아니 그렇게 말고, 이걸 요렇게…."

교사가 가르쳐준 방법이 아니라도 받아들이는 아이는 찰떡같이 알아듣는다. 이 아이는 교사가 개별적으로 설명할 때는 주눅이 들어 교사의 말이 들리지 않았지만, 또래 아이들이 가르쳐주니 자기가 궁금했던 것도 물어보며 풀이법을 배운 것이다. 의사소통 능력이 사회성에 어떤 영향을 미치고 사회성이 학습에 어떤 영향을 미치는지를 이해할 수 있는 예다.

아이들은 또래 집단을 통해 많은 것을 배운다. 그래서 예나 지금이나 부모님들은 이렇게 말씀하시나 보다.

"학교 가서 선생님 말씀 잘 듣고, 친구들과 사이좋게 지내라."

체벌은
마약과 같다

　매해 3월이 되면 학교에서는 학부모들을 대상으로 교육과정 설명회를 연다. 학교에서 1년 동안 학생들을 어떻게 가르칠 것인지, 반별 담임은 누구인지를 공식적으로 소개하는 시간이다. 공식 행사가 끝나면 교사와 학부모들의 첫 만남이 이뤄진다. 그 전에 미리 '가정환경조사서'를 받아 아이들의 환경을 미리 파악해두긴 하지만 학부모들과 처음으로 대면하는 시간은 언제나 많이 긴장된다.

　그때마다 이런 이야기를 듣는다.

　"우리 아이는 때려서라도 가르쳐주세요."

　"체벌은 절대 안 됩니다."

　정반대되는 이야기지만, 자식이 잘되길 바라는 부모의 마음은 똑같음을 느낄 수 있다. 그런데 체벌은 마약과 같다고 생각한다. 물론 교사도 사람인지라 1년에 한두 번은 아이들 때문에 화가 머리끝까지 치밀어 체벌을 할 때가 있긴 하다.

체벌은 교육학적으로 부적 강화(negative reinforcement)에 해당한다. 부적 강화란 잘못한 일을 한 아이에게 그 아이가 싫어하는 것을 주는 것이다. 즐거운 일을 빼앗아버리는 것, 격려하는 것, 반성문을 쓰게 하는 것, 회초리로 때리는 것 등이 있는데, 이 중에서 효과가 가장 확실한 방법이 바로 회초리로 때리는 것이다. 예를 들어보자.

한 아이가 잘못을 했다. 그런데 자신의 잘못을 인정하지 않는다. 오히려 책임을 친구에게 전가하거나 거짓말을 하고, 교사에게 반항까지 한다. 충고만 몇 마디 하고 지도를 끝내려고 했던 교사는 아이의 태도에 화가 난다. 여기서 이 아이의 태도를 바로잡지 않으면 다른 아이들을 지도할 때도 애를 먹을 것 같고, 이 아이가 지속적으로 자신의 지도력을 시험하려 들 수도 있다는 생각에 대충 지도할 수 없다는 결론에 다다른다.

하지만 교사의 다그침과 윽박에도 아이는 반항적인 태도로 일관한다. 교사는 자신의 말이 먹히지 않는다는 생각에 더욱더 화가 나 결국 회초리를 들어 손바닥이나 엉덩이, 종아리를 때린다. 그러자 기세등등하던 아이가 순한 양처럼 잘못을 빈다. 그제야 교사의 화가 풀리지만, 회초리를 들었던 자신에게 자괴감이 들고 아이가 불쌍하다는 생각까지 든다. 교사는 누그러진 말투로 아이에게 무엇 때문에 혼나는지를 자상하게 이야기한다.

이 경우, 교사가 학생을 잘 지도했으며, 이 아이가 다시는 같은 잘못을 저지르지 않는다고 단언할 수 있을까? 아니다. 아이들은 한번에 행동이 달라지지 않는다. 그러면 다음에 같은 잘못을 다시 저지를 확률이 높은데, 그땐 어떻게 지도해야 할까? 말로는 아이가 스스로 뉘우치게 할 수 없다는 건 이미 알게 되었다. 그렇다면 회초리로 더 세게 때리는 수밖에 없다. 그래서 회초리는 마약과 같다는 것이다.

아이들이 잘못했을 때 스스로 자신의 잘못을 인정하고 용서를 구한다면 더할 나위 없겠지만, 대부분의 아이들은 발뺌하고 반항한다. 그러한 아이들의 특성을 십분 활용해 끈기를 가지고 잘못된 행동을 바로잡아주는 것이 가장 효과적이다. 아이가 물건을 파손했으면 변상하게 하고, 반성문을 쓰게 하고, 자신의 잘못을 인정하지 않으면 상담을 한다.

그런 아이들을 대할 때도 회초리를 들지 않는다. 일단 수업이 끝난 뒤 교실에 남게 하고(이걸 아이들이 제일 싫어한다), 상담하고 반성문을 쓰게 하고, 다시 상담하고 또 반성문을 쓰게 하고, 다시 상담한다. 그래도 해결되지 않으면 학부모와 상담을 한다. 부모들이 자녀의 담임선생님에게서 전화 오는 걸 부담스러워하는데, 아이들 역시 자신의 일로 부모님이 선생님의 전화를 받는 걸 아주 싫어한다. 그럴 바엔 차라리 회초리로 때려달라고 하는 아이가 있을 정도다.

아이들의 잘못된 행동을 단번에 바로잡기란 불가능하다. 1년 동안 잘못된 행동 한 가지만 고쳐도 성공하는 것이다. 그러니 급하고 화난 마음에 회초리부터 들지 말고 아이가 행동을 차근차근 고쳐나갈 수 있도록 꾸준히 노력하자.

문제행동, 아이에 따라
다르게 반응하라

백인백색(百人百色)이라는 말이 있다. 사람들이 저마다 독특한 특성이 있다는 말인데, 아이들도 마찬가지다. 15년 넘게 아이들과 생활하다 보니 아이들의 문제행동에도 이유가 있고, 아이의 성향에 따라 문제행동의 유형도 다르다는 것을 알게 되었다. 특히 문제행동이 잦은 아이들은 어른들이 어떻게 반응하고 대처하느냐에 따라 이후의 행동에 변화를 보였다.

벌과 잔소리에 면역돼 의욕이 없는 아이

이런 아이들은 의욕이 없어서 매사 게으르고 태만하다. 그리고 숙제를 안 해 오는 정도가 아니라 학습 준비 자체가 안 되어 있다. 휴대폰이나 게임, 컴퓨터 등에 관심이 쏠려 있으며, 교우 관계도 원만하지 못하다.

➡ 해결책 : 과장해서 칭찬하고 심리를 역이용하라

잔소리와 벌에 면역이 된 아이들은 어른들의 잔소리는 아무리 강도가 세져도 오래가지 못한다는 사실을 알고 그 순간만 모면하면 된다고 생각한다. 그 점을 역이용해 아이가 재능을 보이거나 흥미를 보이는 분야가 발견되면 과하다는 생각이 들 정도로 칭찬을 해준다.

욕구불만으로 공격성을 보이는 아이

주로 남자아이들에게서 공격성이 많이 나타난다고 생각하기 쉽지만 공격성은 남녀 모두에게서 나타난다. 남자아이들이 몸으로 해결하려 한다면 여자아이들은 말과 기 싸움으로 표현하는 점이 좀 다르다. 이런 아이들 중에는 간혹 교사에게도 공격성을 보이는 아이도 있다.

아이들이 공격성을 보이는 것은 욕구 불만 때문이다. 거의 90퍼센트 이상은 부모에게 원인이 있다. 이런 아이들은 공격성의 뿌리를 찾아내 그것을 풀어줄 다른 대상을 연결해주면 거의 해결된다. 체육, 음악, 미술과 같은 예술활동과 영화교육을 통해 자신을 표현하게 하면 공격성이 차츰 예술적 성향으로 바뀐다.

➡ 해결책 : 자존감을 살려줘라

공격 성향을 보이는 아이들을 그대로 방치하면 학교폭력의 가해자가 되기도 한다. 대부분 학부모와 교사들이 공격적인 아이들을 다루기가 가장 힘들다고 여기지만 실제로는 지도하기 가장 쉬운 아이들이다. 물론 아이가 교사가 통제할 수 있는 정도는 되어야 한다는 전제조건이 있다.

공격성을 보이는 아이들을 지도하기가 수월한 까닭은 과잉행동이나 부적응 행동의 원인을 쉽게 발견할 수 있기 때문이다. 대체로 자존감이 낮은 것과 표현력이 부족한 것이 원인이다.

왜 표현력 부족이 공격적 성향으로 이어지는 것일까? 부족한 표현력으로 말미암아 항상 자신이 손해 본다는 생각에 사로잡혀 있기 때문이다. 특히 공격적인 아이들 중 자기중심적 사고가 강한 아이일수록 더 자신이 손해를 본다고 생각한다. 공격적 행동이 나타났을 때는 그 행동으로 피해를 본 아이까지 함께 지도해야 한다.

고학년이 되어서도 공격성을 띠는 아이들은 이미 혼나볼 만큼 혼나본 까닭에 선생님이 어떤 후속 조치를 내릴지도 짐작한다. 즉 주도권은 교사에게 있다. 이럴 땐 큰소리로 혼내는 것보다는 냉정하게 처리하는 것이 더 효과적이다. 공격성을 보이는 아이들을 다루는 데 질책이나 회초리는 그다지 효과가 없다. 오히려 자존감을 살려주어 스스로 만족하고 행복을 느낄 수 있도록 해야 자신이 피해를 준 아이의 입장을 생각하게 할 수 있다. 그래야 마음으로 전해 오는 아픔을 느낀다.

거짓말을 자주 하고 도벽이 있는 아이

아이가 걸핏하면 거짓말을 하거나 도벽이 있는 것을 알았을 때 부모들은 엄청난 두려움을 느낀다. 잦은 거짓말과 도벽은 부모의 과도한 기대나 지나친 방임이 원인인 경우가 많다.

상담을 하다 보면 부모들은 "전 아이에게 그다지 큰 기대를 하는 편도 아니고 그렇다고 방임도 하지 않았습니다"라고 말하는데, 이것은 순전히 자기 기준일 뿐이다.

➡ 해결책 : 결과보다는 원인에 집중하라

거짓말은 어찌 보면 아이가 생존하기 위해 최후로 쓰는 기술이다. 그러므로 아이가 거짓말을 했다는 걸 알았을 때 가장 먼저 해야 할 일은 '왜 아이가 거짓말을 해야만 했는지' 파악하는 것이다. 겁이 나서 혹은 불리한 상황을 모면하려고 우발적으로 한 거짓말은 표가 난다. 하지만 거짓말이라고 생각하지 않고 하는 거짓말도 있다. 떠넘기기, 중요한 사실 빼고 말하기 등이 바로 그런 예다.

아이가 하는 말이 거짓인지 아닌지 확인하는 방법은 거짓말의 내용을 귀 기울여 듣는 것이다. 만일 자신에게 유리한 것은 아주 구체적으로 설명하고 불리한 것은 두루뭉술하게 이야기한다면 거짓말일 가능성이 높다. 두루뭉술하게 이야기한다는 느낌이 들어 다시 물으면 여지없이 거짓말이 들통 난다.

아이가 거짓말을 하는 가장 큰 이유는 자신보다 우위에 있는 사람에게 꾸중을 듣거나 질책받는 것을 모면하기 위해서다. 거짓말하는 아이들도 대개 그것이 나쁜 일이라는 것쯤은 안다. 그러나 거짓말을 하면 신뢰를 잃어버린다는 사실은 간과한다. 그래서 그 점을 강조해서 지도해야 한다. 이런 아이들일수록 친구들에게 배척당하거나 외면받는 것을 두려워한다. 자존감이 떨어지기 때문이다. 그래서 거짓말을 계속하면 다른 아이들, 선생님, 또는 부모가 싫어한다는 사실을 계속 알려주어야 다음에 거짓말을 안 하는 데 효과가 있다.

도벽도 마찬가지다. 아이가 물건을 훔쳤을 때는 혼내기 위해서가 아니라 원인이 무엇인지 살펴볼 목적으로 아이를 조용히 상담하는 것이 좋다. 단지 마음에 드는 물건을 보고 순간적으로 혹해 물건을 슬쩍한 정도라면 원만하게 지도할 수 있다. 그러나 습관적으로 물건을 훔치거나 그 이유가 불분명하다면 상담을 통해 심리적으로 문제가 있는 것은 아닌지 파악해야 한다.

산만한 아이

산만해도 공감 능력과 순발력이 뛰어난 아이는 지도와 통제에서 크게 벗어나는 일 없이 잘 지낸다. 가장 문제가 되는 아이들은 지능은 높은데 산만하면서 공감 능력까지 떨어지는 아이들이다. 이런 아이들은 공부를 별로 하지 않아도 지능이 높아 성적이 어느 정도 나오지만 산만함을 줄이지 않으면 큰 사고를 칠 수도 있으니 각별히 신경 써야 한다.

➡ **해결책 : 산만함을 없애기보다는 줄이는 데 초점을 두어라**

산만한 아이들은 대체로 호기심이 왕성하다. 이런 아이들은 활동성이 높거나 자신의 기호에 맞는 활동을 할 때는 적극성을 보이다가 활동성이 떨어지거나 싫어하는 활동을 하면 금세 흥미를 잃고 딴짓을 한다. 그래서 교사들에게 가장 많은 지적을 당한다.

하지만 아이들의 산만함을 전혀 인정하지 않고 다른 아이들과 똑같이 차분하게 만들려고 하는 것은 좋지 않다. 그런 일은 거의 불가능에 가까울 뿐더러 오히려 아이에게 좌절감만 심어줄 뿐이다. 산만함을 아이의 특성으로 받아들이되 조금씩 줄여나가도록 노력하는 것이 가장 효과적인 대처법이다.

자존감이 낮아 소극적인 아이

소극적인 아이들 가운데 자신의 의사를 제대로 표현하지 못하는 아이들이 있다. 여러 가지 이유가 있지만 가장 근본적인 이유는 자신감이 없거나 자존감이 낮아서다. 문제는 이런 성향을 가진 아이들이 공격적인 아이들에게 표적이 된다는 것이며, 더 큰 문제는 이런 아이들은 자신이 처한 고통을 쉽게 나타내지도 않을뿐더러 고통이 쌓이고 쌓이면 극단적인 상황으로 몰고 갈 수도 있다는 점이다. 그래서 더욱 관심 있게 지켜봐야 한다.

➡ 해결책 : 상황에 무조건 공감해줘라

소극적인 아이들은 눈에 잘 띄지 않을 확률이 높다. 비교적 어른의 말에 순응하고 규칙을 어기지 않으므로 자세히 관찰해야 한다.

자존감이 낮아 소극적인 아이들에게는 일정한 역할을 맡겨 능력이 어느 정도인지 판별하는 것이 좋다. 맡은 일을 잘해낸다면 모둠활동을 할 때 적당한 역할을 할 수 있도록 슬쩍 도와주기만 해도 된다.

그러나 맡은 일이나 청소조차도 제대로 해내지 못한다면 개별적으로 상담해야 한다. 경험상 이런 아이들은 대개 형제자매나 부모 자식 간에 문제가 있을 수 있다. 그때는 일단 아이가 처한 상황을 무조건 공감해주고, 공동체의 일원으로서 자신을 표현하는 데 무리가 없는 수준까지 도달하는 것을 목표로 지도해야 한다.

반복되는 잘못,
원칙과 규칙을 점검하라

이헌재 전 재정경제부 장관 겸 부총리의 회고록을 읽다 보니 인상 깊은 내용이 있었다. IMF 국가부도 사태 해결이라는 엄청난 일을 하는 과정에서 김대중 전 대통령은 이헌재 씨에게 단 두 가지만 물었다고 한다.

"원칙을 지켰습니까?"
"절차는 공정했습니까?"

2013년 오늘을 살아가는 우리에게 이 짧은 질문 두 가지는 많은 것을 생각하게 해준다.

부모들은 아이들을 잘 키우고 싶은 마음에 좋은 성적, 바른 생활태도, 독서, 봉사활동, 좋은 품성 등 아이들에게 너무 많은 것을 바란다. 그렇지만 아이들이 이 많은 것들을 다할 수는 없다. 오히려 요구가 많다 보니 아이들은 혼란에 빠지고 자신감만 떨어질 뿐이다. 아이의 혼란도 줄이고 부모의 욕심도 채우는 방법은 아이와 부모가 함께 원칙과 규칙을 정하는 것이다.

규칙보다 원칙이 먼저다

규칙은 원칙을 지키기 위한 세부사항으로 보면 된다. 원칙은 아이들이 알기 쉽고 구체적으로 정하는 것이 좋다. 예를 들면 '스스로 결정하고 행동하자' 정도면 충분하다. 그런 다음 원칙을 지키는 데 필요한 세부 규칙을 정한다. 예를 들어 '아침에 일찍 일어나기', '책가방 스스로 챙기기', '식사 시간 지키기' 등이 있을 수 있다.

규칙은 적을수록 좋다. 그래야 규칙으로서 가치가 있고 강제할 수 있는 명분이 선다. 명분이 있어야 아이들이 규칙을 지키지 못했을 때 받는 벌칙이나 제재를 받아들인다.

대부분의 어른들은 규칙은 잘 정하지만 원칙은 정하지 않는다. 원칙 없이 규칙을 정하는 것은 모래성을 쌓는 것과 같다. 그리고 어른들이 아무리 다그쳐도 아이가 같은 잘못을 여러 번 반복한다면 그것은 아이한테 문제가 있는 것이 아니라 원칙에 문제가 있는 것이다. 그렇다면 원칙(사실상 규칙)이 아이가 지키기 불가능한 것은 아닌지, 어른들의 시각으로 원칙을 정한 것은 아니지 점검해볼 필요가 있다.

원칙을 정할 때는 다음의 사항들을 고려해야 한다.

- **'아이들은 많은 것을 할 수 없다'는 것을 전제한다** : 아이의 수준과 능력을 고려하지 않고 어른들이 원하는 것을 원칙으로 세우거나, 다른 아이와 비교하여 그 아이처럼 되길 기대하며 원칙을 세우는 것은 아이의 사기를 꺾는 원인이 된다.

- **기대 수준을 낮추고 마음을 느긋하게 먹어라** : 어른이 조급해하면 아이들은 불안해한다. 부모들은 "조급해하는 티를 안 내려고 해요", "아이들이 눈치 못 챌 거예요"라고 말하지만 아이들은 모든 걸 안다. 어른들끼리는 속일 수 있어도 아이들은 못 속인다. 그리고 아이들은 어른들이 아는 것보다 더 세밀하게 어른들을 분석해낸다. 단지 세련된 언어로 표현하지 못할 뿐이다.

- **아이를 꾸준히 관찰하여 내 아이에게 맞는 원칙을 세워라** : 100명의 아이가 있다면 100가지 원칙이 나올 수 있다. '내 아이는 내가 잘 알아' 하고 단정짓지 말고 꾸준히 관찰하여 내 아이의 성향에 맞는 원칙을 세워라.

- **아이들이 원칙을 이해하고 지킬 때까지 기다려라** : 어른들이 아이에게 맞는 원칙을 찾아서 정하지만 원칙을 지키는 것은 아이들이다. 아이들이 원칙의 중요성을 깨달을 때까지 기다려야 한다. 그리고 어른의 기준에서 봤을 때 잘못한 행동이라도 아이가 잘못이라고 인정하지 않은 상태에서는 지적하지 마라. 그것은 간섭이다.

규칙은 아이들이 공감할 수 있어야 한다

규칙은 규칙을 만드는 목적이 분명해야 한다. 교사라면 '학급생활을 좀 더 합리적으로 하기 위해서'가 규칙을 만드는 목적이 된다. 규칙을 만들 때는 아이들의 의견도 수용해야 한다. 이처럼 수직적인 관계가 아닌 수평적인 관계에서 규칙을 정해야 아이들이 규칙에 공감한다.

규칙은 아이들이 스스로 무엇을 잘못했는지를 알게 하는 규칙이 좋다. 자잘한 규칙들은 처음에는 효과를 볼지 모르겠지만 스스로 의사결정을 하는 능력을 길러주는 데는 도움이 안 된다. 오히려 부작용을 일으킬 수 있고 어른이나 아이나 서로 피곤할 수 있다.

그런데 규칙이 가치를 잃어버릴 때가 있다. 규칙을 지키지 않아 아이들이 자주 벌을 받으면 자존감과 자신감이 떨어진다. 교실 생활과 학습 활동을 합리적으로 하기 위해 규칙을 정했는데 정하다 보니 규칙이 많아지고, 규칙이 많아 아이들이 힘들어한다면 그 규칙은 가치를 잃어버린 것이다.

또 규칙을 지키지 못하는 비율이 열 번 중에서 세 번 이상이면 그 규칙은 문제가 있는 것이다. '열 번 해서 일곱 번은 지키는 것이니 잘 지키는 것 아닌가' 하는 생각이 들 수 있겠지만, 열 번 중에서 세 번 이상 어기게 되는 규칙은 심각하게 검토해야 한다. 나는 한 번만 규칙을 어겨도 그 규칙은 더는 가치가 없다고 판단해 과감히 없앤다.

간혹 아이들이 규칙으로 규제하지 않은 부적절한 행동을 할 때가 있다. 그럴 땐 상황에 맞게 대화와 타협을 하되 원칙에 입각해서 자신의 행동이 옳은지 그른지 판단하게 하는 것이 좋다. 스스로 납득하지 못하면 어른들이 지적해주면 되지만, 대체로 원칙을 제시하면 대부분 아이들이 자신의 잘못을 인정한다. 그리고 스스로 생각하고 반성하게 하면 아주 가벼운 벌칙을 주어도 충분히 수긍하고 잘못을 고치려 한다.

아이에게 거짓말을
허락하라

어른들은 아이가 거짓말한다는 사실을 알면 매우 기분 나빠 한다. 그래서 아이가 거짓말한 것을 알면 대부분 무섭게 추궁한다.

"왜 거짓말을 했어?"
"엄마(아빠, 선생님)가 거짓말하는 건 나쁜 짓이라고 했어, 안 했어?"
"너 커서 뭐가 되려고 자꾸 거짓말을 하는 거야?"

아이들은 대체로 거짓말한 사실을 끝까지 숨기려고 하지만, 거짓말이 들통 난 다음에는 거의 대부분 침묵을 지키거나 울면서 선처를 호소한다.
왜 아이들은 거짓말을 할까? 아이들이 거짓말을 하는 가장 큰 이유는 자신이 처한 불리한 상황을 모면하기 위해서다. 거짓말이 나쁘다는 사실은 동화책을 읽고 텔레비전을 보기 시작하면서부터 배운다. 아이들이 보는 동화책이나 텔레비전 프로그램 중에는 '정직해야 한다'는 메시지를 담은 것이 무척 많기 때문이다. 그래서 아이들은 무의식적으로 말 잘 듣는 착한 아이가 되려고 하고, 어른들과 사회가 정해준 모범적인 행동을 따라하며 사회성과 인성을 형성한다.

문제는, 아이들은 기본적으로 미성숙한 상태라는 점이다. 다시 말하면 아이들은 본능에 충실하다. 그래서 '본능에 충실한 자아'와 '착한 아이'가 충돌하고 그 과정에서 거짓말을 하게 된다. 아이가 거짓말을 했다면 거짓말을 한 이유와 과정을 먼저 파악해야 한다. 그리고 거짓말을 허용해야 한다.

'거짓말을 허락한다'는 것은 아이에게 '자신에게 집중하라'는 의미를 역설적으로 표현한 것이다. 거짓말을 허용하면 오히려 거짓말을 하는 일이 점점 줄어들고 자신에게 좀 더 집중하는 아이로 변해간다.

방학 때는 아이들을
심심하게 하라

방학이 되기 전에 아이들이 꼭 물어보는 것이 있다.

"선생님, 방학 숙제가 뭐예요?"

학교에서는 방학 전에 '학교 방학계획서', '학년(학급) 방학계획서'를 보낸다. 거기에는 아이들이 방학 동안 지킬 일과 당부 사항, 해야 할 과제 등이 적혀 있다. 어떤 교사들은 필수 과제, 선택 과제로 분류해서 방학 숙제를 많이 내주기도 한다. 그리고 개학하고 나면 과제물 발표회를 하고 시상을 하는 것으로 방학을 마무리한다.

그런데 이와는 별도로 아이들은 방학에도 학원으로 내몰린다. 우리 집 아이가 4학년 때 학원 문제로 아내와 실랑이를 벌인 적이 있다. 나는 아이가 가기 싫다고 하니 학원에 보내지 말자고 했고, 아내는 그다지 공부를 많이 시킨 것도 아니며 그 정도는 남들도 다 한다고 했다. 둘 다 교직에 종사하는데도 이렇게 서로 의견이 달랐다. 아내는 아들이 영어 학원을 재미있게 다닌다고 생각했지만 아이는 뭉그적거리다가 버스를 놓치는 일이 잦았다.

방학 때도 아이를 학원에 보내는 부모들 중에는 다음과 같은 이유로 아이를 학원에 보낸다. 이것은 우리 집도 마찬가지다.

"방학 때 아이가 집에서 빈둥거리기만 하니 성질이 나요."

"남들은 방학 때 부족한 공부를 한다는데, 학원에라도 안 보내면 많이 뒤처질 것 같아요."

"방학 때 애들이 집에 있는 게 부담돼요."

하지만 이건 순전히 어른들의 관점에서 판단한 것이다. 방학은 '아이들에게 필요한 휴식의 기회'다. 직장인에게 휴가가 있듯 아이에게는 방학이 있는 것이다. 우리 몸은 피곤할 때 쉬어야 한다. 육체적인 피로 못지않게 정신적인 피로를 잘 풀어줘야 새로운 지식을 습득할 수 있다.

"초등학교 아이들이 무슨 할 일이 많아서 휴식이 필요하냐?", "우리 애는 매일 집에 와서 컴퓨터만 하고 논다", "공부하라고 말하지 않으면 매일 텔레비전만 본다"고 아이들에게 불만이 많은 부모님들에게 방학 생활을 위한 팁을 공개하겠다.

최소한 1주일 이상은 아무것도 하지 말고 늘어지게 놀도록 해줘라. 맛있는 음식도 해주며 아이들이 무얼 하며 지내든지 못 본 척하라. 충분히 쉬고 나야 새로운 것을 시작할 수 있다. 학원을 다니든 집에서 공부를 하든 그때 시작해도 절대 늦지 않는다.

특히 남자아이를 키우는 부모들은 너무 욕심을 내면 안 된다. 남자아이들은 흥미 있어 하는 걸 찾아 그것을 충분히 가지고 놀도록 하는 편이 낫다.

아이가 "학원에 가기 싫다"고 하면 부모들은 무척 난감해한다. 사실 아이들이 처음에 학원을 가면 무척 신기하고 재미있어 하지만 그게 오래 못 간다. 그럴 때는 이유를 들어보고 다른 기회를 줘야 한다. 다른 기회란, 다른 학원을 가게 하는 것이 아니다. 학원에 보내지 않는 대신 아이가 원하는 걸 하도록 허용하는 것이다. 단, 그 시간에 텔레비전만 보거나 컴퓨터 게임을 하는 것은 금지하는 것이 좋다. 이 방법은 처음엔 그다지 효과가 없을 수도 있지만 장기적으로 봤을 때 두 가지 효과가 있다.

- 선택권을 줌으로써 책임감을 느끼게 한다.
- 내 의견을 부모님이 존중한다는 느낌을 준다.

휴식은 공부만큼이나 중요하다. '내가 너무 놀았나? 이제 뭘 좀 해야 하지 않을까?' 이런 마음이 들 때까지 아이가 충분히 쉬게 해야 한다.

어차피 사용할 휴대폰,
효율적 사용법을 알려줘라

2012학년도 현재 우리 학급(6학년) 29명 아이들 중에 27명이 휴대폰을 가지고 있다. 그중에서 상당수는 스마트폰이다. 아직까지 학교에서 아이들의 휴대폰 사용을 규제하는 표준화된 사용 지침이 없어 지켜볼 뿐이다.

아이들은 휴대폰을 갖고 싶어한다. 놀잇감으로도 매우 훌륭하기 때문에 부모님에게 휴대폰을 사달라고 조른다. 부모로서도 반대할 명분이 없거나 오히려 당위성을 느끼기도 한다. 사회가 불안하다 보니 최소한 연락을 취하기 위한 방편으로 휴대폰을 사 주는 부모들이 많다. 6학년인 우리 아이에게도 작년에 휴대폰을 사주었다. 아이의 소재와 안전을 파악하는 데 휴대폰은 아주 요긴한 물건이다.

그런데 스마트폰을 소지한 아이들이 스마트폰을 그다지 스마트하지 못하게 사용하고 있다. 쉬는 시간에는 물론 수업 시간에도 휴대폰을 만지작

거리는 아이들 때문에 학교와 선생님들은 골머리를 앓는다. 제어하지 않으면 하루 종일 휴대폰을 가지고 노는 아이들을 보면서 교사이기 전에 부모로서도 고민을 한다.

1996년 군대를 제대하고 대학에 복학한 후 방학 때 거리에 보도블록을 까는 아르바이트를 했다. 두 달간 공사를 하다 보니 주변 상점 사장님들과 친분도 생겼고 오토바이 판매점 사장님도 알게 되었다. 그런데 공사 구간 사이를 작은 오토바이로 질주하곤 하는 아이가 있었다. 바로 오토바이 판매점 사장님의 아들이었다. 이제 겨우 4학년인 그 아이는 아주 능숙하게 오토바이를 탔다. 알고 보니 오토바이 묘기 공연도 하는 프로급(?) 라이더였다. 여러 곳에서 광고 스폰서도 받아 수입도 아주 쏠쏠하다고 들었다.

어느날엔 내가 "아이가 오토바이 타는 것이 위험하지 않나요? 걱정되지 않으세요?"하고 물으니 그 사장님이 이렇게 대답했다.

"내가 평생 오토바이 가게를 할 거니까 저 녀석도 언젠가는 오토바이를 타지 않겠어? 어차피 오토바이를 탈 거라면 안전하게 타는 방법을 가르치는 편이 더 좋을 것 같아 일찍 가르쳤지."

16년이 넘은 오늘까지도 그의 말이 생생히 기억난다. 그와의 대화를 떠올리며 아이들이 어차피 휴대폰을 쓸 거라면 잘 쓰는 방법을 가르쳐주는 편이 더 낫겠다고 결론을 내렸다.

● **알림장을 없애고, 휴대폰의 일정 관리 기능을 활용하다** : 칠판 구석에 알림장 내용을 적어두고, 아이들이 쉬는 시간에 휴대폰의 일정 관리 어플 혹은 메모장에 적게 했다. 그것도 귀찮으면 칠판에 쓴 것을 사진으로 찍으라고 시켰다. 그렇게 하니 아이들이 알림장 내용을 확인하기 위해 책가방을 뒤질 필요가 없어졌다.

● **숙제나 학습에 사용하다** : 사회 시간에 필기를 할 때 어려운 단어나 용어가 나오면 수업 시간에라도 검색할 수 있도록 허용했다. 탐구 학습이나 조별 학습 때도 간단한 검색을 허용했다. 처음엔 게임만 잘하고 간단한 검색은 하지 못했던 아이들도 한 달 정도 지나니 능숙하게 검색 기능을 사용하게 됐다.

● **카메라 활용법을 가르치다** : 미술 시간에 필요한 소재를 구할 때나 알림장에 적기엔 내용이 많을 때는 사진을 찍게 했다. 그리고 원하는 구도와 밝기를 조절할 수 있도록 카메라 사용법을 가르쳐주었다. 구도를 이야기하며 화면에 피사체를 놓는 방법도 알려줬다.

이처럼 어떻게 하면 자신의 생활방식에 적합하게 도구를 사용할 것인지에 초점을 맞추어 스마트폰 활용법을 아이들에게 알려주었다.

그런데 큰 원칙만 정하고 인위적으로 휴대폰 사용을 통제하지 않으니 부작용도 생겼다. 교사의 눈을 피해 몰래 게임을 하거나 수업 도중 자투리 시간이 생기면 문자를 보내기도 했다. 하지만 작은 부작용을 막기 위해 제재를 가한다면 창의적으로 사용하는 방법조차 막을 것 같아 속에서 열불(?)이 좀 나긴 하지만 진득하게 기다리고 있다.

나 또한 교무수첩 대신 스마트폰과 교무수첩 어플, 블루투스 키보드를 충분히 활용한다. 아이들에게 단순히 정보기기를 사용하는 기술을 가르치는 것이 아니라 정보기기를 잘 활용하면 자신의 생활이 좀 더 편리해질 수 있음을 일깨워주고자 했다.

사실 아이들이 휴대폰을 잘만 활용하면 교사도 참 편하다. 잊어버리고 알리지 못한 내용은 하교한 뒤에라도 단체 문자로 전송할 수 있고, 내용이 길면 미리 저장해둔 그룹 주소를 통해 메일로 전송할 수 있다. 읽었는지 안

읽었는지 실시간으로 확인도 할 수 있어 무척 편하다. 간혹 깊은 상담(?)이 필요할 때면 무료 채팅 어플을 사용한다.

아이들은 이와 같은 방식으로 스마트폰을 실생활에 유용하게 활용하는 방법을 직접 체득한다. 자연스레 정보 활용 교육이 되는 셈이다. 정보화 기기에 얽매이는 것이 아니라 자신의 생활방식에 정보화 기기를 맞추는 것, 이것이 진정 스마트한 생활이라는 것을 아이들이 느낄 수 있다면 아이들이 '스마트폰은 게임을 하는 기계'라는 생각에서 벗어나 좀 더 자신의 삶에 충실해질 수 있을 것이다.

일기 검사, 하지 마라

2005년 국가인권위원회는 초등학교 일기 검사에 대해 '일기를 강제적으로 작성하게 하고 이를 평가, 시상하는 것은 지양하라'는 권고를 교육인적자원부에 전달했고, 당시 김진표 장관은 이를 수용했다. 인권위에서 권고하기 이전부터 일부 교사들은 일기 검사에 반감을 가지고 있었다.

물론 꾸준히 일기를 쓰면 하루를 반성하고 내일을 계획할 수 있어 생활 습관이 좋아지고, 글쓰기 능력도 향상되는 등 얻을 수 있는 교육적 가치가 많다. 그래서 아이들에게 일기를 쓰라고 적극 권장해왔다. 그러나 문제는 '일기 검사'다. 일기 검사가 불필요한 이유를 정리하면 다음과 같다.

● 하루를 반성하고 내일 할 일을 계획하는 것은 일기를 쓰는 과정에서 스스로 할 수 있다. 굳이 일기 검사를 하지 않아도 되는 것이다.

- 일기를 쓰면 글쓰기 능력이 향상된다. 하지만 검사한다고 더 향상되지는 않는다.

- 교사들이 일기 검사를 하는 주된 이유는 '아이와 비밀스러운 이야기를 나눌 수 있어서'다. 일기를 보면 교우 관계와 가정형편을 파악할 수 있고, 생활지도를 어떻게 해야 하는지도 알 수 있기 때문이다. 하지만 요즘은 일기 외에 전자메일, 인터넷 쪽지, 교사의 개인 블로그 등으로도 비밀 이야기를 나눌 수 있다. 휴대폰 문자메시지도 2000자까지 전달할 수 있다. 꼭 일기 검사를 해야만 아이와 소통할 수 있는 건 아니다.

- 일기는 지극히 사적인 이야기인데 검사를 하면 '교사가 읽는다는 전제하에 쓰는 글'이 되기 쉽다. 그래서 어떤 아이들은 일기를 두 가지로 쓴다. 하나는 진짜 일기이고, 다른 하나는 선생님에게 검사 맡기 위한 일기다.

- 매일 쓰고 매일 검사받는 일기는 또 다른 숙제로 변질될 우려가 높다. 그렇게 되면 어쩌다 일기를 쓰지 않으면 교사의 지시를 불이행하는 것이 되어, 일기 쓰기 본연의 교육적 가치는 사라진다.

그 어떤 어른도 매일매일 반성하지 않는다. 어른도 하기 힘든 일을 아이들에게 하라고 강요하는 것 자체가 모순 아닐까? 단, 초등학교 1~2학년이라면 격려 차원에서 일기 검사를 할 수는 있다.

마음 아픈 햄스터 사육 일기

초보 선생 시절, 한 시골 학교에서 6학년을 맡고 있을 때 있었던 일이다. 실과에 '애완동물 기르기'란 단원이 있었다. 한 아이가 "선생님, 집에서 기르는 애완동물을 가지고 와도 되나요?"라고 묻기에 그러라고 했다.

실과 수업이 있는 날, 아이들은 집에서 기르는 동물들을 데리고 학교로 왔다. 개와 고양이는 물론이고 햄스터 사육 상자를 들고 온 아이가 있는가 하면, 어떤 아이는 염소를 교실까지 데리고 오겠다고 해서 한참을 달랜 뒤에 운동장 한구석에 묶어두었다.

하루 종일 동물 농장에서 하루를 보낸 아이들은 집에 가면서 "선생님 다음 주에도 '애완동물 기르기' 하는 거죠?"라고 물었다. 다음 주에도 진도는 나가야 하니 안 된다고 할 수 없었다. 그런데 아이들은 다음 주 실과 시간이 돌아올 때까지 동물들과 함께 등하교를 했다.

"애들아! 실과 있는 날만 데리고 와야지!"

"안 돼요! 매일 관찰 일기를 쓰고 있단 말이에요."

관찰 일기를 쓴다니 할 말이 없었다. 그런데 어느 날 아이들이 모두 하교한 뒤에 보니 햄스터 사육 상자가 교실에 덩그러니 놓여 있었다. 햄스터를 기르는 하균이가 깜빡하고 집에 간 것이다.

사실 살아 있는 햄스터를 본 건 그때가 처음이었다. 신기하고 귀여워서 사육 상자에서 햄스터 두 마리 중 한 마리를 꺼내 데리고 놀았다. 그런데 성질이 있는 놈이었는지 나의 손가락을 깨물었다.

'이런 건방진 놈을 봤나!'

한 손으로 놈을 잡고 손가락으로 주둥이를 툭 쳤다. 그러자 더욱더 맹렬한 기세로 날뛰었다. 그래서 조금 더 힘을 줘서 딱 때렸다. 그런데 우짜꼬

우짜꼬…, 햄스터가 부르르 몸을 떨더니 축 늘어졌다. 하늘이 노랬다. 하균이는 아침에 학교에 오자마자 햄스터 먼저 찾을 텐데….

죽은 햄스터를 들고 차를 몰아 읍내로 나갔다. 수소문을 해서 햄스터 파는 곳으로 가서 제일 비슷한 놈으로 사다가 시치미를 뚝 떼고 사육 상자에 넣어 두었다. 다행히 하균이는 햄스터가 바뀐 걸 눈치채지 못한 듯했다.

그러고는 기억도 가물가물해질 정도로 한참이 지났다. 한 달에 한 번 일기 검사를 하는 날, 아이들이 교탁 위에 일기를 쌓아두었다. 일기를 하나씩 검사하다가 그중 눈에 띄는 일기 하나를 발견했다.

> ○○월 ○○일 날씨 맑음
> – 중략 –
> 햄스터에게 땅콩을 계속 먹이면 안 된다. 땅콩을 계속 먹은 수놈 햄스터는 10일이 지나면 암놈으로 변한다.

죽은 햄스터는 수놈이었고, 내가 산 건 암놈이었던 것이다!

하균아, 미안해!

그 뒤로 나는 일기 검사를 하지 않는다.

아이가 말을 잘 듣게 하는
잔소리의 기술

　교사든 부모든 아이들에게 혼을 내거나 잔소리를 할 때가 많다. 그러나 혼을 낼 때와 잔소리를 할 때를 잘 구분해야 한다. 큰 잘못을 저질렀을 때는 혼내야 하지만, 잘못한 것은 맞지만 꾸중까지 할 정도는 아닌 상황이라면 잔소리로 그치는 것이 좋다. 아이들의 생활 태도가 좋지 않거나, 태만하거나 버릇없거나, 산만하거나 이기적이거나, 지나치게 참견하거나, 지나치게 소극적이거나, 지나치게 활발하거나… 이렇게 지적해야 할 상황이 발생할 때마다 혼내면 아이들이 위축되기 쉽기 때문이다.

　그런데 부모 입장에서 잔소리는 아이들을 위한 애정 어린 조언이다. 이러한 부모의 마음이 아이에게 전달되게끔 하는 방법은 없을까? 그래서 더더욱 아이들이 잘 알아듣도록 잔소리하는 기술이 필요하다.

잔소리의 네 가지 유형

우선 자신의 잔소리가 어떤 유형에 속하는지부터 알아보자.

● **확인형 잔소리** : 일의 진행 과정을 보고 하는 잔소리
  - "숙제 다 했니?"
  - "선생님이 하라는 거 했어?"
  - "사물함 정리는?"

● **질책형 잔소리** : 혼내기에는 좀 약하고, 그냥 넘어가기에는 좀 애매할 때
  - "왜 그랬어?"
  - "전에도 선생님이 주의 줬잖니?"
  - "6학년이면 이 정도는 해야 되지 않겠냐?"

● **비교형 잔소리** : 다른 아이들과 비교하기. 아이들이 가장 싫어하는 유형이다.
  - "다른 반은 이거 다 했는데 우리 반은 안 했더라."
  - "여자애들은 잘하는데 남학생들은 어쩌고저쩌고…."
  - "옆에 짝 하는 것 잘 살펴봐라."

● **복합형 잔소리** : 뭐라고 했다가 달랬다가, 한 말 또 하고 또 하고 새로하고… 두서없이 하는 잔소리
  - "사물함 정리했니? 해놓으라고 했잖아? 그리고 숙제는? 너 정말 이럴래? 저번에도 안 해왔잖아?"

위의 4가지 잔소리의 유형 중에서 가장 문제가 되는 것이 복합형 잔소리다. 복합형 잔소리를 하면 아이들은 거의 침묵으로 일관한다. 복합형 잔소리는 어른이 화를 참지 못해 하는 경우가 많다. 그러나 이렇게 분풀이에 가까운 잔소리로는 아무런 효과도 거둘 수 없으며 오히려 아이의 반항심과 거부감만 키울 뿐이다.

아이의 행동을 변화시키는 잔소리의 기술

잔소리를 하는 궁극적 목표는 아이의 행동을 변화시키는 것이다. 잔소리의 본뜻을 왜곡하지 않고 정확히 전달하려면 교사나 학부모도 부단한 연습과 노력을 해야 한다. 아이가 알아듣고 받아들일 수 있는 방법을 쓰는 것이 가장 중요하다. 다시 말하면, 전달하고자 하는 바를 정확히 전달해 행동의 변화까지 이끌어내야 하는 것이다. 그럼 메시지를 분명하게 전달하는 데 도움을 주는 잔소리의 기술을 정리해보자.

■ 아이의 '리스닝' 능력에 초점을 맞추어라

히어링(hearing)과 리스닝(listening)은 둘 다 '듣다'라는 같은 뜻이지만 차이가 있다. 히어링은 단순히 감각 능력으로서의 듣기다. 즉 그냥 듣는 것이다. 이에 반해 리스닝은 청취, 귀 기울임, 경청의 의미가 강하다. 다시 말하면 리스닝은 말하는 이가 무엇을 말하고자 하는지, 어떤 내용을 전달하고자 하는지를 파악하는 능력을 포함한다. 즉 '귀 기울여 듣는 것'이다.

잔소리를 할 때는 아이들의 리스닝 능력에 중점을 두고 말해야 의미를 정확하게 전달할 수 있다.

주의 집중을 잘 못하거나 산만한 행동을 하는 원인은 여러 가지가 있겠지만 그중 하나가 리스닝 능력 부족이다. 다른 사람의 말을 주의 깊게 듣는 경청 능력이 있어야 아이들은 어른이 잔소리를 할 때 그 뜻을 정확히 파악할 수 있다. 뿐만 아니라 상대방의 감정, 의도 등을 읽을 수 있다. 이것은 향후 학습에서 가장 중요한 능력 중 하나인 '공감 능력'을 기르는 데 절대적인 영향을 미친다.

■ 짧게 핵심만 이야기하라

잔소리는 간결하게 끝내야 한다. 잔소리가 길어지면 아이는 핵심을 파악할 수 없다. 특히 아이들은 잔소리 자체가 자신을 질책하는 것이라고 생각하기 때문에 핵심을 쉽게 알 수 있도록 간결하게 전달해야 한다. 핵심만 간결하게 전달하려면 말소리의 강약도 조절할 필요가 있다.

■ 주의를 집중시켜라

주의 집중을 높이는 방법은 주변을 조용하게 하거나, 반대로 목소리를 크게 하는 것이다. 시끄러운 곳에서는 어쩔 수 없이 목소리를 높여야겠지만, 대체로 주변을 조용히 시키고 차분히 이야기하는 것이 아이들의 주의 집중력을 높이는 데 도움이 된다.

■ 감정을 절제하라

공정성이 없으면 잔소리의 가치가 없다. 그러니 잔소리를 할 때는 감정을 최대한 절제해야 한다. 그러려면 잘못한 사실이나 고쳐야 할 행동에만 초점을 맞추고, 다른 일을 끌어들이는 일이 없도록 해야 한다.

■ 가까이 다가가 이야기하라

잔소리를 하려면 우선 아이가 하고 있는 활동을 멈추게 해야 한다. 시선이 말하는 사람에게 향하지 않은 상태에서 잔소리를 하면 메시지가 제대로 전달되지 않는다. 이럴 때는 아이가 이야기를 들을 준비를 할 수 있도록 다가가든지 가까이 오게 해서 눈을 마주보고 이야기해야 한다.

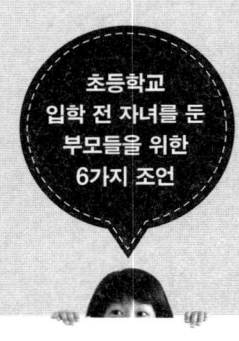

초등학교
입학 전 자녀를 둔
부모들을 위한
6가지 조언

　　초등학교 입학을 앞둔 자녀를 둔 학부모들은 걱정이 많다. '우리 아이가 학교에 입학해서 잘 적응할 수 있을까?', '선생님들이 잘 대해주실까?', '유치원과 다른 분위기 때문에 우리 아이가 기죽지 않을까?', '공부는 잘 따라갈까?', '친구들과 잘 지낼까?', '준비물은 뭘 얼마나 챙겨야 할까?' 등 많은 걱정과 불안으로 3월을 맞이한다. 초등학교 입학 전 자녀를 둔 부모들이 가장 궁금해하는 사항을 Q&A 형식으로 살펴보자.

Q1 : 한글과 숫자는 얼마나 가르쳐야 하나요?

A1 : 한글과 숫자를 미리 배우고 오는 것은 오히려 걸림돌이 된다.

　　대부분의 아이들이 한글과 숫자를 배우고 온다. 그렇지만 유치원이나 어린이집 그리고 학원에서 한글과 숫자를 배우고 오는 것은 1학년 교육과정을 이수하는 데 도움이 되기보다는 오히려 걸림돌이 될 때가 많다.

　　우리 아이가 한글과 숫자를 하나도 모르면 선생님이 핀잔을 주지 않을까 하는 걱정도 하지 마라. 왜냐하면 배워야 할 때가 된 아이들은 스펀지가 물을 빨아들이듯이 지식을 받아들인다.

　　아이들은 또래 아이들과 함께 학습하는 과정에서 더 많은 것을 깨우친다. 선행학습이 전혀 필요 없는 것은 아니지만 무리하게 시켜서 공부에 싫증이 나도록 하는 것은 오히려 학습력 향상에 방해가 된다.

Q2 : 다른 아이들보다 우리 아이가 늦된 것 같아 걱정이에요.

A2 : 아이들마다 개인차가 있으니 걱정하지 않아도 된다.

분명히 잘하는 아이와 못하는 아이가 있다. 그렇지만 대부분의 저학년 선생님들은 뒤처지는 아이를 기다려준다. 기다려준다는 건 내버려둔다는 뜻이 아니다. 할 수 있는 기회를 더 주고 포기하지 않는다는 의미다.

초기 학습에서 중요한 것은 사회성을 기르는 것이다. '남들이 뭘 하고 있는지', 또 '선생님이 무슨 말을 하는지'를 인식하고 자신도 상황에 맞게 행동하는 능력을 기르는 것이 중요하다는 말이다. 유치원에서 하는 그 많은 놀이와 경험은 바로 사회성을 획득하기 위함이고 그것이 초등학교에 진학해서도 학습에 도움을 준다.

우리 아이가 늦되다고 생각하면 아이에게 이렇게 물어보자.

"친구들은 뭐 하고 있었어?"

"선생님은 뭐라고 하셨어?"

Q3 : 입학 전에 가장 중요하게 가르쳐야 하는 것은 무엇인가요?

A3 : 입학 전 가장 중요하게 가르쳐야 할 것은 '자기 물건 챙기기'다.

교과서, 필기구, 준비물과 같은 자기 물건을 잘만 챙긴다면 1학년 교육과정에 필요한 학습 능력 가운데 절반은 갖춘 셈이라고 할 수 있다.

Q4 : 글씨를 예쁘게 못 써요.

A4 : 예쁘게 쓰는 것보다는 알아볼 수 있게 쓰는 것이 중요하다.

글씨를 예쁘게 쓰는 것은 아이들에게는 매우 힘든 일일 수 있다. 또 손가락 힘이 약하면 글씨를 제대로 쓰기 힘들 수 있다. 만약 그런 경우라면 운동장에 나가서 철봉이나 정글짐, 늑목 등을 하면서 놀게 하자. 두 달 정도 이렇게 놀고 나면 손가락 힘이 세져 글씨가 바로잡히는 아이들이 많다.

그런 뒤에 "문자를 배우는 것은 다른 사람과 소통을 하기 위해서기 때문에"라고 설명하고, 글씨를 예쁘게 쓰라고 하는 것보다 "다른 사람들이 알아볼 수 있도록 쓰라"고 말하는 것이 좋다.

Q5 : 담임선생님이 나이 많은 여선생님이라 실망스러워요.

A5 : 저학년일수록 경력이 많은 여선생님이 맡는 것이 좋다.

아이를 길러본 경험은 간접 학습으로는 메울 수 없는 간극이 있다. 혼낼 땐 따끔하게 혼내고 용서할 땐 따뜻하게 안아주는 엄마 같은 경력 많은 여교사가 저학년을 맡는 것이 좋다. 젊은 학부모들은 젊은 교사가 아무래도 더 열심히 아이들을 잘 가르칠 것이라고 생각할 수도 있겠지만 아이들을 대하는 노하우만큼은 젊은 교사들이

나이 많은 여교사를 따라가지 못한다.

Q6 : 선생님께 불만이 있어서 좀 따져야겠어요. 어떻게 하는 것이 좋나요?

A6 : 학교나 교육청에 전화하거나 인터넷 게시판에 올리는 것보다 먼저 담임 교사와 면담을 신청하는 것이 좋다.

교사가 아이를 공평하게 대하는 것 같지 않거나 교사의 지도 방법이 마음에 들지 않으면 많은 부모들이 교장실이나 교무실로 전화를 하는데, 아이에게 행여라도 피해가 갈까 봐 누군지는 밝히지 않는 경우가 많다. 어떤 부모들은 교육청에 전화하거나 인터넷 게시판에 올리기도 한다.

교사에게 불만이 있다면 일단 담임선생님께 직접 전화해 면담을 요청하자. 학부모가 면담을 요청하면 대부분의 교사들은 긴장한다. 그리고 "제가 섭섭한 부분이 있어 선생님께 말씀드리고 상의드리려고 합니다" 정도로만 간단히 이야기해도 전화한 이유를 금방 파악한다.

대부분 직접 만나 이야기하다 보면 합일점이 나온다. 특히 주변 사람들과 주고받는 학교에 대한 정보 중 많은 부분이 잘못된 것이라는 사실을 잊으면 안 된다. 직접 보고 들은 것 말고는 사실이라고 생각하면 안 된다. 그래도 화가 풀리지 않는다면 학교장에게 전화하거나 찾아가도 늦지 않다.

Part 04

사춘기가 빨리졌다!
아이의 이성 관계, 학교폭력 대처법

필자가 자랄 때만 해도 중학생이나 돼야 사춘기를 겪었다.
그런데 요즘 아이들은
이르면 초등학교 3~4학년이 되면서,
보통 5학년부터 사춘기를 겪는다.
어느 날 갑자기 아이가 달라지기 시작하면
부모들은 어찌해야 할지 몰라 당황한다.
그러나 아이들의 행동 유형을 알고 나면 좀 더 편하게
아이의 행동에 대응할 수 있을 것이다.

어른이고 싶은
아이들

초등학교에 입학한 지가 엊그제 같은데, 한 해 한 해 훌쩍 커가더니 어느 순간 다른 아이가 된 것 같은 자녀의 모습을 보면 부모는 당황한다. 바로 마(魔)의 사춘기가 찾아온 것이다. 말수는 부쩍 줄어들고 자기 방에 들어가 나올 기색이 없는 아이. 사사건건 시비 아닌 시비가 붙고 툭하면 쏘아붙이고 말대꾸를 하는 통에 눈치 보느라 잔소리도 예전처럼 하기 힘들다.

'우리 아이가 사춘기를 잘 이겨낼까?'

이런 생각을 할 겨를도 없을 만큼 아이와 부모는 티격태격 다투기 일쑤다. 집에서 애를 먹이는 것처럼 학교에서도 불손하게 굴지 않을까 노심초사하지만, 부모님의 걱정이 무색할 만큼 학교에서 아이들은 별 탈 없이 잘 지낸다. 적어도 담임교사는 부모처럼 모든 걸 다 받아주진 않기 때문이다.

사춘기 자녀로 인해 부모가 겪는 울화통은 상상 이상이다. 하지만 아이들을 잘 아는 나는 울분을 토하는 부모님에게 이렇게 조언한다.

"내일부터 산에 다니시거나 다른 취미활동을 하세요. 그러다 아이의 식사 때를 놓치면 대충 밥을 차려주시거나 라면을 끓여주면 됩니다. 아니면 '사랑하는 내 딸(아들)아! 식탁에 만 원 놓고 간다. 맛있는 거 사 먹어라'라고 쪽지를 남기세요. 그래도 딸이 말대꾸하고 대들면 만 원을 오천 원으로 줄이세요."

사춘기를 겪는 아이들에게 하나하나 맞대응해봤자 소용이 없다. 자아가 독립하는 시기인 만큼 사춘기에는 좌충우돌할 수밖에 없다. 이때는 멀찌감치 지켜보거나, 눈에 거슬리는 행동은 못 본 척하는 것도 방법이다. 아이들 입장에서 사춘기는 '어른으로 인정받고 싶은 시기'이다. 그래서 자기를 아이 취급하거나 무시하면 즉각적으로 반응을 하는 것이다.

여기, 초등학교 6학년 아이들을 상담하고 관찰하면서 행동 특성과 속마음을 파악한 뒤에 가상으로 조합한 글이 2편 있다. 이 글을 읽어보면 아이들이 사춘기를 어떻게 받아들이고 어떤 마음으로 지내는지를 알 수 있을 것이다.

나는 초등학교 6학년이다 1

나는 초등학교 6학년이다. 최고 학년이 되어 후배들에게 존경받으며 학교를 다닌다. 뭐든지 6학년이면 먼저, 그리고 오래 할 수 있다. 5학년 이하 후배들은 선배들을 대접한다. 이런 맛에 6학년 한다. 하지만 6학년의 체면이 있기 때문에 예전보다 좀 점잖아졌다. 그네나 시소 따위는 동생들에게 양보하는 것도 6학년의 미덕이지.

학교에서 가장 젊고 능력 있는 선생님이 가르쳐주시고, 배우는 것도 초등학교에서 가장 어려운 걸 배운다. 그래도 괜찮다. 수업 시간에 집중해서 공부하고, 모르는 것은 친구들이나 선생님에게 물어보면 성적은 쑥쑥 올라간다.

점심시간이면 운동장을 독차지해서 축구도 할 수 있고, 급식소에서도 맛있는 반찬이 나오면 당당히 더 달라고 할 수 있다. 각종 대회는 6학년이 우선으로 나가기 때문에 운이 좋으면 대회에서 상도 받을 수 있다. 운동회나 학예회를 할 때면 제일 폼 나고 멋진 것은 바로 6학년 차지다. 그래서 요즘 학예회에서 할 댄스를 친구들과 맞춰보고 있다. 방과후교실에서 댄스스포츠를 배웠더니 날로 실력이 늘어남을 느낀다.

부모님도 6학년이 되었다고 기뻐하신다. 전보다 의젓해지고 멋있어졌다고 한다. 내년엔 중학교에 가야 하기 때문에 공부도 열심히 해야 하고 6학년의 마무리도 잘해야겠다.

역시 남는 건 친구들이다. 이번 주는 영철이 생일 파티가 있다. 평소 내가 아끼던 사진첩을 줘야겠다. 이런 게 6학년의 우정이지.

아, 아쉽다! 이렇게 좋은 6학년이 지나간다니….

나는 초등학교 6학년이다 2

나는 초딩 6학년이다. 요즘 입에서 욕이 떨어지지 않는다. 친구들과 있을 때는 거의 욕으로 시작해서 욕으로 끝난다. 내가 6학년이 되고 보니 걸리적거리는 게 없다. 후배들은 알아서 눈치를 보며 피한다. 이 맛에 '초딩' 소리를 들어가며 6학년 한다. 근데 아직까지 '초딩' 소리를 들어야 하는 게 너무 싫다.

우리 반 담탱이는 뭐 하자는 건지 모르겠다. 우리를 어린애로 아나? 하나하나 간섭하고 참견한다. 어제는 숙제 안 해왔다고 혼내는데 자존심 상해 죽는 줄 알았다. 집에서도 잔소리 듣기 싫은데 왜 학교에 와서도 잔소리를 들어야 되나? 교과서 안 가져왔다고 뭐라고 하는데 별 재미도 없고, 학원에서 다 배우는데 학교는 뭣하러 오는지 모르겠다. 뭐가 그리 챙겨야 할 게 많고 해야 할 것도 많나?

엄마는 아무것도 모르고 공부 안 한다고 잔소리만 한다. 내가 안 해서 그렇지, 하면 잘할 건데 괜히 시비다. 아침에 머리 말린다고 화장실에 좀 오래 있어서 엄마가 삐쳤나? 그러면 조금 미안하기도 하네. 내일은 엄마가 해주는 아침밥이라도 좀 먹는 시늉을 해야겠다.

그런데 ○○는 아무리 생각해도 미친 ×다. 지가 뭔데 내가 좋아하는 '아이돌' 오빠를 따라 좋아한단 말이야? 담에 한번 걸려봐라. 친구들하고 모여서 단단히 망신을 줘야겠다.

그런데 다음 달에 학예회라고 했지? 담탱이가 동요 합창을 하자고 하는데 넘어갈 뻔했다. 아이 씨, 우리가 무슨 애들도 아니고 딴 반은 댄스 동아리도 나온다고 하는데 쪽팔려죽겠다.

학교, 집, 학원… 지겹다. 공부는 뭣하러 하는지 모르겠다. 안 하면 안 될 것 같아 하긴 하는데, 몰라 몰라. 머리 아프다. 공부 잘하는 것들은 다 싸가지가 없다. 공부만 한다고 범생이 노릇 하는 애들은 찌질하다. 이럴 땐 댄스음악 들으면서 놀아야지!

"내가 젤 잘나가~"

내가 좀만 참자. 근데 나 이래도 되는 거 맞을까?

사춘기를 겪는 아이들에게 나는 이렇게 말한다.

"너희들을 어른으로 인정하고 그에 맞는 권한을 주겠다. 시시콜콜 간섭하거나 통제하지는 않을 거다. 대신 어른스럽게 행동하고, 책임은 너희들에게 있다는 걸 명심해라."

어른인 척하는 사춘기 아이들에게 그에 맞는 권한을 주고 그 책임을 묻는 것이 내가 정한 원칙이다. 아이들은 물론 책임을 잘 지키지 못한다. 그럴 땐 세 번 중 두 번은 눈감아주고, 한 번은 책임을 묻는다. 사춘기는 아이가 어른이 되기 위해 반드시 거쳐야 할 성장통이다. 그러니 스스로 이겨낼 때까지 기다리고 지켜봐주는 것이 좋다.

여자아이들의 사춘기, 어떻게 대처할까?

6학년 담임을 여러 차례 하면서 발견한 사춘기 아이들의 특성을 남자아이와 여자아이로 나누어 정리해보았다. 여자와 남자는 사춘기의 특성도 다르다. 그 차이를 이해해야 좀 더 폭넓게 사춘기 아이들의 행동을 이해하고 대처할 수 있다. 이것은 물론 학술적으로 검증된 내용이 아닌 순전히 개인적인 견해이지만 누적된 관찰 결과를 토대로 일반화한 내용인 만큼 믿어도 될 만하다.

우선 여자아이들은 지적·정서적으로 남자아이들보다 훨씬 성숙하다. 특히 감정을 표현하고 수용하는 능력은 남자아이들이 따라가질 못한다. 예를 들어, 수업 시간에 아이들이 여기저기서 떠들어 분위기가 안 좋으면 교사는 잠시 침묵한다. 이때 눈치 빠른 여학생들이 제일 먼저 반응한다. 그리고 남학생들 몇몇이 가장 늦게 반응한다. 그만큼 여자아이들은 남자

아이들보다 교감 능력이 뛰어나다.

교감 능력이 좋으면 다음과 같은 장단점이 있다.

① 선생님의 심리를 빨리 파악하고 대응하기 때문에 수업 태도가 좋다.
② 눈치가 빨라 웬만하면 튀는 행동을 하지 않는다.
③ 교사의 수업에 빨리 반응한다.
④ 친구들 간에 오가는 말이나 행동 하나하나에 민감하게 반응한다.
⑤ 오해가 생겼을 때 직접 풀기보다는 상대가 자신의 감정을 읽어주길
　바란다.
⑥ 이성과의 다툼보다 여자끼리의 다툼이 더 심각한 경우가 많다.

이 중에서 특히 ⑤번과 ⑥번 특성을 주의 깊게 살펴봐야 한다.

여자아이들끼리의 다툼,
겉으로 드러나지 않아 더 무섭다

5~6학년 정도 되면 남녀 간의 다툼에 미움 외에 다른 요소가 끼여든다. 바로 '좋아하는 감정'이다. 좋아하는데 자연스럽게 표현하지 못해서 다투는 것이다. 그럴 때면 모르는 척하면서 "둘이 사귀나? 잘되길 바란다"라고 툭 던지면 아니라고 손사래를 치며 과잉반응을 보인다. 그리고 결국 다툼은 흐지부지되고 만다.

그런데 여자아이들끼리 다퉜을 때는 신경을 써야 한다. 앞에 열거한 특성 중 ⑤번 특성을 다시 읽어보자.

'⑤ 오해가 생겼을 때 직접 풀기보다는 상대가 자신의 감정을 읽어주길
바란다.'

이 특성이 사람을 잡는다. 문제가 생겨도 초기에는 주변에서 알아차릴
수가 없다. 나 또한 여자가 아닌지라 그 미묘한 감정 변화, 특히 사춘기에
들어선 여자아이들의 변덕은 더욱더 이해가 안 된다. 그래서 암묵적 규칙
을 정한다. "학급의 규칙을 준수하면 너희들의 사생활에 간섭하지 않겠
다"라고. 그래서 특정 학생의 가방을 뒤진다든지 사물함이나 책상 서랍을
검사하는 일을 자제한다.

그리고 사적인 친분 관계를 유지하는 것도 경계한다. 쉬는 시간에는 학
생들이 가급적 교사 책상 주위에 오지 못하게 한다. 왜냐하면, 쉬는 시간
에 교사 책상 주위로 몰려와서 선생님을 떠보는 여학생들이 있기 때문이
다. 그 학생들은 사적인 친분 관계를 유지하면 수업이나 다른 면에서 이득
을 볼 것이라 생각해서 그러는 것인데, 이런 사소한 행동들이 특정 학생을
편애한다는 오해를 불러일으킬 수 있기 때문에 자연스럽게 경계를 두는
것이다. 이런 규칙들 덕분에 평소에는 별문제 없이 지낸다.

그런데 다음과 같은 상황이 감지되면 십중팔구 여자아이들끼리 분쟁이
발생했다는 것을 의미하므로 각별히 신경을 써야 한다.

● 여학생들의 인상이 평소와 다를 때
● 발표 준비는 다 해놓고 발표를 하려고 하지 않을 때
● 조별 활동에서 뭉그적거리는 여학생이 있을 때
● 쉬는 시간에 여학생들끼리 몰려다니거나 화장실에서 장시간 이야기
할 때

- 체육이나 교과전담교사 시간에 해당 선생님께 여학생들이 꾸중을 들을 때
- 여학생들이 남학생들과 지나치게 친하게 지내며 과장되게 놀 때
- 여학생들이 간단한 과제를 안 해오거나 과제를 잘해오던 학생이 안 해올 때
- 여학생들이 친구들 눈치를 볼 때
- 교사가 한번 띄운 분위기를 진정시키는 데 평소보다 시간이 오래 걸릴 때
- 짧은 순간이지만 교사와 이야기를 하는 도중 인상을 찡그릴 때

이런 일이 열 번 정도 있으면 아이들 몰래 탐색에 들어간다. '누가 누구와 다퉜는지', '다툼의 원인은 무엇인지' 알아보는 것이다. 탐색은 무척 중요하다. 나중에 상담의 성패를 좌우할 중요한 요소이기 때문이다. 그만큼 사춘기 여학생을 상담하는 일은 무척 어렵다.

탐색에 들어가면 맨 먼저 자료 수집을 한다. 주로 사용하는 방법은 '관찰'과 '탐문'이다. 관찰로 객관적인 자료를 확보한 후 탐문에 들어간다. 탐문은 다음의 순서대로 한다.

전혀 친분이 없는 남학생 → 약간 친한 남학생 → 전혀 친분이 없는 여학생 → 약간 친한 여학생 → 매우 친한 여학생 → 해당 여학생

해당 여학생들과 친분이 없는 남학생과 여학생을 먼저 탐문하는 이유는 그들이 상황을 가장 객관적으로 바라볼 수 있기 때문이다. 아이들이 어른들보다 판단력과 사고력이 떨어질 거라고 생각하면 큰 오산이다. 자신

과 이해관계가 없으면 잘잘못을 정확하게 지적하고 구분할 줄 안다.

나름 은밀하고 자연스럽게 진행하지만 여학생들은 워낙 눈치가 빠르고 민감해 선생님이 관찰과 탐문을 시작했음을 눈치챌 때가 많다. 이때는 아무 일 없다는 듯이 시치미를 뚝 떼고 진행한다.

이렇게 정중동(靜中動)의 모습을 보이는 이유는 여학생끼리의 다툼은 대부분 은밀하게 벌어지기 때문이다. 은밀하게 벌어지는 다툼을 심증만으로 물고 늘어지면 여학생들은 바로 '시치미 떼기'로 선생님의 탐색을 무력화한다. 따라서 지속적인 관찰과 탐문으로 증거를 수집해야 한다.

이쯤이면 이미 해당 여학생들은 경계 태세에 들어간다. 탐문 강도를 높이면 자기들이 모여서 대책을 논의하기도 한다. 대책 회동 장소는 주로 화장실이나 계단 위쪽이다.

이 모든 일들이 은밀하게 진행된다. 즉 탐문은 해당 여학생들과 반 아이들에게 담임이 보내는 무언의 경고인 셈이다. 그 경고 안에는 여러 가지 의미가 담겨 있다.

- '별것 아닌 다툼이라면 여기서 그만둬라.'
- '계속 다투면 내가 가만히 있지 않을 것이다.'
- '선생님은 너희들이 왜 다퉜는지 다 알고 있다.'
- '누가 옳고 그른지 끝장을 보고 싶다면 언제든지 환영한다.'
- '단, 그에 대한 책임도 반드시 물을 것이다.'

여학생들의 다툼은 대개 개인 대 개인의 다툼으로, 크게 번지는 일은 많지 않다. 문제가 될 만한 개인 대 개인의 다툼 뒤에는 반드시 그 여학생의 친구 집단이 있다. 여학생들의 친구 집단은 남학생들보다 결속력이 강하다. 그리고 추구하는 바가 같다. 예를 들어 좋아하는 연예인, 좋아하는 남학생과 싫어하는 남학생, 취미활동, 운동 등이다. 그들끼리 서로 쪽지나 문자, SNS를 주고받고, 비밀 일기와 편지를 주고받고, 가끔 모임도 하고, 수다도 떨고, 딴 아이들 욕도 한다. 이러한 친구 집단이 여학생들의 다툼에서 핵심적인 역할을 한다.

지나친 결속력은 자칫 친구 집단에 속한 여학생들의 판단력을 흐리게도 한다. 특히 주도권을 쥔 여학생이 관련된 문제라면 더 복잡해진다. 교감 능력이 뛰어나고, 오해가 생겼을 때 직접 풀기보다는 상대가 자신의 감정을 읽어주길 바라는 특성 때문에 해당 여학생 스스로 문제를 풀기는 힘들고 다른 사람이 자신의 감정을 읽어주고 풀어주어야 문제를 해결할 수 있다. 즉 상대방이 먼저 사과하기를 바라는 것이다.

그런데 상대방 여학생도 똑같은 감정이라면 다툼이 시작된다. 자기들끼리 은밀한 전투를 벌이는 것이다. 전투를 벌이는 장소는 교실, 학원, 복도, 운동장, 하굣길이고, 무기는 휴대폰, 메신저 프로그램, 블로그, 미니홈피, 온라인 쪽지, 학용품 감추기 등이다.

여학생들의 다툼은 문제가 불거질 때까지 교사나 부모가 알기 힘들고, 문제가 커지면 감정의 골이 깊어져 수습하기도 힘들다. 그렇기 때문에 웬만하면 탐색 단계에서 여학생들이 스스로 다툼을 끝내기를 바란다. 그리고 평소 수업 시간, 특히 도덕이나 국어 시간에 의도적으로 다툼과 해결이란 주제로 선생님이 어떻게 다툼을 해결하는지를 자세하게 이야기해준다. 그러면서 다시 해당 여학생들을 관찰한다.

그리고 탐색 결과를 확인하기 위해 아이들과 함께 체육 활동을 하면서 관찰한다. 표정과 몸짓을 보면 문제가 해결되었는지 알 수 있다. 입으로는 거짓말을 할 수 있지만 표정과 몸짓까지 속이기는 힘들기 때문이다.

여자아이들의 다툼이 겉으로 드러날 때의 대처법

여학생들의 다툼이 겉으로 드러났을 때는 여학생들 사이에 묘한 기류가 흐르지만 그다지 파장이 크지 않을 수 있다. 왜냐하면 여학생들은 선생님이 상황을 파악하고 있다는 사실과 다툼을 겉으로 드러내면 자신들이 선생님과 쌓은 신뢰가 무너진다는 사실도 알고 있기 때문이다.

그렇게 아무 일 없는 듯 지내다가 어느 순간 다툼이 드러나면 여학생들은 이렇게 말한다.

"선생님, 제 자리에 욕설이 적힌 쪽지가 있었어요."
"선생님, 누가 제 가방을 뒤졌어요."
"선생님, 저한테 이상한 문자가 왔어요."

엎드려 펑펑 우는 아이도 있고, 교과전담교사 시간에 말썽을 부리거나 대들다 교무실로 잡혀 오는 아이도 있다. 그러면 선생님과 아이들 사이에는 싸늘한 기류가 흐른다. 말로 표현할 수 없는 미묘한 감정의 파장들이 섞여 요동을 친다.

이럴 땐 짧은 시간 안에 사태를 파악하고 문제를 어떻게 해결할지 결정해야 한다. 나는 밑바닥부터 저인망으로 훑는 방법을 쓴다. 이건 간단한 질책 정도로 끝낼 수 없는 일인 만큼 문제가 커졌을 때 쓰는 방법이다. 일단 문제 해결 방침을 정하고 아이들에게 알린다. 이건 제안이 아닌 통보다.

● 담임선생님이 알게 된 이상 대충 넘어가지 않는다.
● 필요하다면 부모님께 연락할 것이다. 그러기 전에 진실을 알려라.

- 모든 것은 기록으로 남긴다.
- 끝나기 전까지 수업은 하지 않는다.

살벌하게 느껴지지만 상황이 이 지경까지 오면 절대 대충 넘어가서는 안 된다. 탐색 과정에서 이미 '별일 아니면 이쯤에서 화해하고 다툼을 멈추어라'라고 메시지를 전달했기 때문이다.

그러나 여학생들은 발뺌하기, 말 돌리기, 논점 흐리기, 울기, 책임 떠넘기기, 진실 말하지 않기, 중간중간 빼먹고 말하기 등 다양한 기술을 구사하며 끝까지 선생님과 대적하기도 한다. 그런 아이들에게서 진실을 파헤치는 과정은 다음과 같다.

■ 1단계 _ 격리

다툼을 벌인 여학생들을 상담실이나 보건실 또는 도서실 등 다른 학생들이나 선생님과 떨어진 곳에 둔다. 그리고 다른 모든 아이들에게 이 사실을 알리고 자습을 시킨다.

이때 다툼과 관련이 없는 학생들은 말을 잘 듣는다. 평소 까불던 아이들도 찍소리 안 하고 열심히 한다. 필요하다면 교장, 교감 등 관리자 선생님에게도 알린다. 예상치 못하게 학부모 귀에 들어가 일이 커질 수 있으므로 미리 알리는 것이 좋다.

■ 2단계 _ 조사

피해자 학생과 가해자 학생에게 종이와 펜을 준 뒤 '왜 이런 일이 벌어졌는지'를 6하 원칙에 따라 적게 한다. 이렇게 진술 기록지를 작성해오면 순서대로 읽도록 하고 붉은색 펜으로 발뺌하기와 말 돌리기, 논점 흐리기,

책임 떠넘기기, 진실을 말하지 않기 등을 가려내 내용을 첨가하게 한다. 이쯤 되면 여학생들은 '뭔가 잘못됐다'고 생각하지만 이미 돌이킬 수 없는 강을 건넌 것이다.

이 과정을 거치면 사태를 대충 파악할 수 있다. 그리고 추가된 관계자가 있으면 불러온다. 우리 반만의 문제가 아니라면 다른 반 아이들도 부른다. 단, 그 반 담임교사에게 가서 대략의 내용을 설명하고 직접 데려온다.

이럴 때 불러오는 아이는 다툼의 배후 조종자이거나 단순 가담자 중 하나다. 단순 가담자라면 분위기에 위축되어 자기가 아는 것을 다 이야기하고 용서를 구한다. 그렇지만 다툼을 배후 조종한 아이는 더 이상 발뺌하는 것은 무의미하다는 것을 깨달을 때까지 조사한다. 이때도 진술 기록지를 이용한다.

교사 입장에서 이 단계는 머리에 김이 날 만큼 힘들다.

■ 3단계 _ 감정 전달

여기부터 아주 중요하다.

두 번째 종이에 '지금 내가 느끼는 감정'을 적게 한다. 조사 과정에서 쓴맛을 본 여학생들은 최선을 다해 진실을 적는 것이 고통을 줄이는 길임을 깨닫고 사실대로 적는다. 적다 보면 감정이 북받치기도 하고 울분이 생기기도 한다. 그대로 다 적으라고 하고, 쓴 내용을 가해자와 피해자가 돌려보게 한다.

■ 4단계 _ 감정 읽기와 반성

자신의 행동이 다른 사람에게 어떤 영향을 미쳤을지 생각해보게 한다. 그러면 대부분 아이들은 엄청난 충격을 받는다. 자신의 관점에서만 보던 것들을 상대방 친구의 시각에서 보게 하면 대부분 감정이 무너져버린다. 충분히 울 시간과 자기 행동을 반성할 시간을 준다. 그리고 그 내용을 쓰게 한다.

■ 5단계 _ 용서와 화해의 장

교사가 '넌 이게 잘못되었다'고 말하는 건 의미가 없다. 다툼을 벌인 아이들을 운동장이나 잔디밭, 벤치 등으로 보내 함께 시간을 보내게 한다. 그 동안 교사는 아이들이 적은 자료를 정리하고 교장, 교감선생님이나 동료 선생님께 대략의 내용을 보고한다(이건 매우 중요하다).

이것으로 다툼이 끝나는 것이 아니다. 여학생들의 다툼은 그 파장이 무척 오래간다. 학부모들이 찾아오는 경우도 있다. 그럴 땐 미리 연락하고, 시간을 내 학교에 오시라고 한다. 그리고 아이들이 적은 내용을 순서대로 읽어보게 한 다음 이야기를 나눈다. 그러면 대부분 별 오해 없이 원만하게 일을 마무리할 수 있다.

그러나 예전처럼 아이들이 친하게 지내진 않는다. 그만큼 여학생들의 다툼은 자주 일어나지 않지만 겉으로 드러났을 때는 해결하기도 원래 상황으로 돌이키기도 참 힘들다.

남자아이들의 사춘기,
어떻게 대처할까?

학교에서 싸우거나 사고를 치는 아이들은 대부분 남학생이다. 싸우고, 코피 터지고, 넘어지거나 떨어지고…. 아이들이 많이 다치면 '학교안전공제회'에 치료비를 청구하는데, 그 절대 다수가 남학생일 정도다. 그렇지만 사고를 많이 치고 싸움이 잦은 남학생들이 오히려 여학생들보다 지도하기가 수월하다. 왜냐하면 남자아이들은 여자아이들보다 여러 모로 단순하기 때문이다.

남자아이들은 무리와 서열을 좋아한다

초등학교에 막 들어온 1학년 남자아이들이 여자아이들과 구분되는 가장 큰 특징은 다음과 같다.

- 무리를 짓는다.
- 무리에서 서열을 가린다.

일부 독자들은 '애걔, 이게 무슨 특징이야. 누구나 아는 거잖아!' 할 것이다. 그렇다. 이것은 누구나 아는 남자아이들의 특징이다. 그러나 남자아이들이 그렇게 행동하는 이유를 이해하는 사람은 많지 않다. 남자아이들이 무리를 짓고 서열을 정하는 과정을 자세히 살펴보면 그 이유를 이해할 수 있을 것이다.

■ 1단계 _ 탐색하기

남학생들은 새학기가 되면 교실을 신기한 듯이 탐색한다. 먼저 교실에서 가장 덩치가 큰 선생님을 탐색한다. 그러면서 본능적으로 '제압해야 하는가, 복종해야 하는가?' 하는 물음을 자신에게 던진다. 그러다 '선생님은 내가 제압하지 못하는 존재'임을 파악하고, 그때부터 선생님 앞에서는 '착한 아이'처럼 행동한다. 그런 뒤에 나머지 남자아이들을 탐색한다.

'저 아이는 덩치가 크니까 싸움을 잘할 거야.'
'저 아이는 말을 잘하니까 건드리면 피곤할 거야.'
'저 아이는 신기한 걸 많이 가지고 있어.' (남학생들에게는 이것도 우월적 요소다.)
'저 아이는 비싼 옷을 입고 잘난 체해.' (그래서 말끔한 스타일의 엄친아 남학생은 잘 못 어울린다.)

'저 아이는 선생님 말씀을 잘 듣고 아는 게 많은가 봐.' (공부 잘하는 것도 매우 큰 우월적 요소다.)

■ 2단계 _ 무리를 지으며 탐색하기

탐색이 끝나면 무리를 짓는다. 친구를 만드는 과정이다. 저학년일수록 쉽게 친구를 만든다. 자신의 본성을 숨기고 무리를 지으며 탐색을 지속한다. 탐색을 하고 무리를 짓기 시작하는 기간에는 아이들 사이에서 별다른 문제가 일어나지 않는다. 이때 생기는 문제는 '적응'과 관련된 문제라고 보면 된다.

■ 3단계 _ 전투 태세에 돌입하기

탐색이 끝나면 본격적인 '전투' 태세에 돌입한다. 전투 태세에 돌입했다고 해서 바로 다툼을 시작하는 것은 아니다. 친구들과 다투는 것이 남학생들에게는 생존이 걸린 문제이기 때문이다.

우선 학교와 교실이라는 정글 속에서 아이들은 나름대로 생존 전략을 수립하고 실행한다. 일단 명분을 찾는다. 시비 걸기, 놀리기, 건드리기, 장난치기, 놀이 등 주로 몸과 몸이 부딪치는 과정을 통해 '탐색'과 '명분 찾기'를 동시에 진행한다. 대충 눈으로 어림잡아본 친구들의 전투력을 몸으로 부딪치면서 확인하는 것이다. 그러다가 실력이 비슷하다고 느끼는 아이와 친구가 된다.

■ 4단계 _ 서열 정하기

새학기가 되고 한 달 정도 지나면 맹렬한 기세로 장난치기 시작한다. 이렇게 몸으로 부딪치는 과정을 거치며 대장이 가려지고, 나머지 아이들의 서열이 정해진다. 힘이 세고 욕심이 좀 있고 공부도 제법 하면서 잘생기고 달리기를 잘한다면 거의 대적할 자가 없다. 이런 남학생이 대장이 되고 서열 정리도 끝나면 교실에 평온함이 찾아온다.

서열이 정해지면 남자아이들은 강하게 결속한다. 이 무리에 속하지 못한 남자아이들은 담임선생님에게 매달리거나 여학생들과 놀기도 한다. 저학년일수록 어떻게 행동해야 할지 몰라 무리에 끼지 못하고 소외되는 아이들이 많다.

■ 5단계 _ 영역 넓히기

반에서 무리 짓기와 서열 가리기가 끝나면 아이들은 옆 반을 정벌(?)할 계획을 세운다. 그러다가 우리 교실에 다른 반 아이들이 들락거리면서 장난을 치면 '우리 반이 옆 반에게 꺾였구나' 이렇게 생각한다. 그렇게 옆 반과의 서열도 정해진다. 만약 학교 사정상 학년의 일부가 따로 떨어진 건물에 있다면 반드시 남학생들은 그 중간 지점에서 반별 무리 짓기와 서열 가리기를 한다.

일련의 과정들은 매우 소란스럽거나 격하게 벌어질 수도 있다. 그렇다고 해서 못 하도록 막기만 한다면 욕구불만이 생기고 쌓여 다른 곳에서 폭발할 수 있다. 그러니 사고가 나는지 지켜보면서 무사히 이 과정이 지나가기를 기다리는 것이 좋다.

남자아이들의 이러한 행동 유형은 학년이 사춘기가 되어도 그다지 달라지지 않는다.

남자아이들의 행동 유형 5가지

남학생들은 행동 유형에 따라 교우 관계도 많이 달라진다. 관찰해온 바에 따르면 남학생들의 행동 유형은 지도자형, 추종자형, 선택적 추종자형, 관망자형, 독립형으로 구분될 수 있다.

■ 지도자형

씩씩하고 주도적이며 통솔력이 강한 유형이다. 대체로 학교생활도 열심히 능동적으로 하고 친구들에게 신망도 높다. 이런 아이들은 다시 3가지 유형으로 나뉜다.

① 담임교사(또는 부모)가 보기에도 믿음직하고 친구들에게 신망이 있는 유형
② 담임교사가 보기에는 믿음직하지 않지만 친구들에게 신망이 있는 유형
③ 친구들이 따르기는 하지만, 담임교사가 보기에도 믿음직하지 않고 뭔가 이상한 낌새가 느껴지는 유형

①번 유형은 이상적인 지도자형으로, 장래가 촉망되고 큰 발전이 기대되는 아이들이다. ②번 유형은 친구들에게 의리가 있는 아이로, 가치 판단 기준을 친구들에게 두고 있어 담임교사나 부모님과 의견 충돌을 빚을 수 있다. 그러나 기본적으로 '잘못된 일을 하지 않는다'는 책임의식과 도덕성을 갖추고 있어서 '책임과 권한'의 개념을 적절히 심어주면 별문제는 없다.

③번 유형은 매우 주의 깊게 관찰해야 한다. 이런 아이는 다른 아이들 위에 군림하는 독재자에 가까운 지도자형이기 때문이다. '힘의 역학관계'를 너무나 잘 파악하고 있어 교실의 가장 큰 포식자(?)인 담임교사의 지도력을 시험하기도 한다.

대다수 아이들이 이 아이 때문에 주눅이 들어 있는 경우가 많지만 그러한 자신의 권력을 겉으로 드러내지 않아 교사들이 지도하는 데 애를 많이 먹는다. 남학생들 사이에서 왕따는 그리 자주 일어나지 않지만 이런 유형의 아이가 지도자가 되면 왕따가 생길 확률이 높다. 또 만일 추종자형 아이들의 약점을 간파해 괴롭히고 이익을 취하면서 자기보다 더 우월해지지 않도록 견제까지 한다면 꽤나 큰 문제를 일으킬 수 있다.

■ 추종자형

대다수 남자아이들이 이 유형에 속한다. 말 그대로 지도자에게 추종하는 아이들이다. 하지만 일방적으로 따르기보다는 지도자형 아이들의 힘, 권위, 말발 등을 인정하고 따르는 편이다.

대체로 지도자형 아이들은 공정하고 책임감과 판단력이 뛰어나기 때문에 자녀가 추종자 유형이라도 그다지 걱정할 필요는 없다. 그러나 지도자형 친구에게 지나치게 의존적으로 추종하고 그것을 지도자형 아이가 이용하는 낌새가 보인다면 지체 없이 어른이 개입해야 한다.

■ 선택적 추종자형

말 그대로 의사와 행동을 선택적으로 결정하는 아이들이다. 어른들이 보기에 넉살 좋은 아이들이다.

이런 유형의 아이들 중에는 힘이 세거나 공부를 잘 못하는 아이도 많다.

덜렁거리기도 하고 감정 전달도 쉽게 한다. 단, 자존심이 강한 편이다. 덩치가 크거나 공부, 말발, 운동 등 뭔가 한 가지 특기를 가지고 있을 확률이 높다. 혼자 있는 것을 좋아하지만, 원한다면 친구들과 어울려 놀기도 한다.

지도자형 아이들은 선택적 추종자형 아이들을 좋아한다. 이런 아이들이 자기와 노는 것이 지도자의 품위(?)를 유지하는 데 도움을 주기 때문이다. 선택적 추종자형 아이의 입장에서도 지도자의 권위에 도전하지 않으면서도 일정 역할을 확보할 수 있으므로 나쁠 것이 없다. 단, 지도자형 아이가 자존심을 건드리면 한바탕 싸우기도 하는데, 이런 일이 벌어졌을 때는 어른이 적극적으로 중재해야 한다.

■ 관망자형

관망자형 아이들은 또래 아이들보다 정서적으로 미숙할 가능성이 높다. 이런 아이들은 지적 성숙이 늦은 것이 아니라 자아가 분리되어 독립하는 과정이 늦어서 그런 것이다. 대체로 부모에게 의존적이고 정서적으로 편한 쪽을 선택하기 때문에 교우 관계가 원만하지 않은 경우가 많다. 떠들고 장난치고 뒹구는 것보다 조용히 관망하는 것이 편하다고 생각한다. 아니면 같이 끼고 싶은데 그럴 용기가 없거나 필요성을 많이 느끼지 못해서 혼자 지내기도 한다. 6학년이 되어서도 이런 성향을 보인다면 학교생활이 매우 힘들어진다.

친구를 사귀는 것은 아이들 입장에서 보면 사회생활의 시작이면서 매우 어려운 과정인데, 의존적인 성향이 강하고 부모 역시 아이가 실패하는 것을 두려워한다면 아이가 친구를 사귀고 학교생활을 하는 데 힘들어할 확률이 높다. 이런 아이들은 대부분 조별 활동을 할 때 같은 조 아이들에게 은근히 구박을 받는다. 교감 능력이 떨어지고 의지가 부족하기 때문이다.

그래서 나는 이런 아이들에게 조별 과제로 경쟁 과제를 주지 않는다. 하지만 관망자형 아이를 많이 배려했다간 아이들의 시샘을 받을 우려가 있다.

■ 독립형

교직 생활을 하면서 딱 두 번, 독립형 아이를 보았다. 그만큼 초등학생 아이들에게서는 찾아보기 힘든 유형이다.

독립형 아이의 가장 큰 특징은 지적 · 정서적 수준이 다른 아이들보다 유난히 높다는 것이다. 이런 아이들은 이미 지적 · 정서적 수준이 초등학생 수준을 뛰어넘기 때문에 모든 걸 시시해한다. 다른 유형의 아이들에게 시기와 질투를 받기도 한다.

어릴 적부터 독서와 사색을 많이 한 아이들이 이런 유형이 되기 쉬운데, 개인적으로 안타까운 면도 있다. 왜냐하면 그 나이에 누려야 할 여러 가지 소소한 행복을 누리지 못하는 것 같아서다. 그래서 이런 아이들에게는 지적 · 정서적 욕구불만을 풀 수 있도록 배려하는 편이다.

남자아이들은 철저히 힘의 논리에 따라 움직이지만 그 힘에는 육체적인 힘만이 아닌 여러 가지 복합적 요소가 녹아 있다. 따라서 남자아이들에게는 자신의 특기를 살릴 기회를 주는 것이 교우 관계를 긍정적인 방향으로 주도하게 하고 자존감도 살려주는 길이다.

남자아이들은 싸우면서 큰다

남자아이들끼리 싸움이 벌어지면 말로 끝나는 일은 거의 없고, 말로 시작했다가도 폭력으로 끝난다. 그러면 왜 남자아이들은 다툼을 자주 벌일까?

지도자형, 추종자형, 선택적 추종자형, 관망자형, 독립형 아이들이 각자의 영역에서 만족하며 지낼 때는 싸움이 안 생긴다. 오히려 아주 논리적인 대화가 오가고 우정도 깊어진다. 그런데 지도자형 아이에게 도전을 한다든지, 누가 누구보다 싸움을 잘한다고 깐족댄다든지, 누가 어떤 여자애를 좋아한다고 놀리기 시작하면 다툼이 생긴다.

남자아이들은 자기 감정을 우선시하고 타인의 감정을 읽는 기술이 부족하기 때문에 직설적으로 몰아붙이는 경향이 강하고 들리는 대로 판단하고 행동하고 나서 생각한다. 들리는 대로 판단한다는 것은 '상대방이 욕설을 하거나 놀리는 등 자신의 자존심을 건드리는 상황이 발생하면 자신의 다음 행위는 정당하다고 생각한다'는 의미다. 그래서 '다음 행위'로 일단 뒹굴고 싸운다. 그러다 감정이 가라앉고 선생님이 이 사실을 알게 되면 그때부터 머릿속이 복잡해진다.

불구경, 싸움 구경이 가장 재미있다고 한다. 아이들도 예외는 아니다. 그래서 남자아이들이 싸우고 그 때문에 교사가 서둘러 현장으로 출동하거나 흥분하면 싸운 아이들은 더 긴장하고, 구경하는 아이들은 얼마나 혼나는지를 두고 은근히 기대한다. 그래서 싸운 아이들을 데리고 아무도 없는 곳으로 간다. 그러곤 이렇게 묻는다.

"왜 싸웠니?"

남자아이들은 감정이 가라앉기 전까지는 절대 말을 안 한다. 아니, 못한다. 할 말도 없을뿐더러 자기 행동의 원인을 생각해보기 시작하니 머릿속이 뒤죽박죽되어서 무슨 말부터 해야 할지 모른다.

"말 못 하는구나. 그러면 이유를 알 때까지 너희들은 집에 못 간다. 선생님은 수업을 해야 하니 수업 마치고 이야기하자. 다쳤으면 보건실 가고, 흙 묻었으면 씻고…. 울지 마라. 다른 애들이 보면 흉본다. 깔끔하게 정리하고 교실로 와라."

감정이 격해진 상태에서 탐문해봤자 아무 소용이 없다. 일단 싸움을 중단시키고 세세한 문제는 나중에 처리하는 것이 좋다. 그래야 아이들이 감정을 정리할 수 있기 때문이다.

수업을 모두 마치고 두 아이를 교실에 남게 한 다음 얘기를 듣는다.

"왜 싸웠는지 이야기해봐."

이때 이야기를 술술 하면 쉽게 끝난다. 설령 싸움을 크게 벌였더라도 서로 상대방의 감정을 읽을 수 있도록 배려해주면 아이들은 결국 화해한다. 그런데 '버티기' 기술을 쓰는 아이가 있으면 종이에 적게 한다. 시간을 주었는데도 안 적었거나 부실하게 적었다면 다시 적게 하고 30분을 더 준다. 이쯤 되면 아이들은 거의 백기를 든다.

이런 상황을 몇 번 겪으면 남자아이들은 섣불리 싸우지 않고 다툼으로 인한 문제도 거의 만들지 않는다. 또 아무리 심하게 싸웠더라도 서로의 감정을 알게 되면 언제 그랬냐는 듯 뒤끝 없이 잘 지낸다.

이렇게 남자아이들은 싸우면서 큰다.

사춘기에는
아빠의 역할이 중요하다

초등학교 교사이기 전에 한 아이의 아빠로서 갈등을 느낄 때가 많다. 교사로서의 정체성은 확실하게 정립할 수 있지만, '아빠로서 50점이나 받을 수 있을까?' 하는 의문이 들 때가 가장 그렇다. 세상에서 가장 어려운 일이 아빠 역할이지 않나 싶기도 하다.

아이들에게 아빠의 역할이 가장 절실한 때는 바로 초등학교 고학년, 즉 사춘기에 다다르는 무렵이다. 이 시기에 아빠가 제 역할을 하지 못한다면 아이가 문제행동을 했을 때 해결하기가 쉽지 않다.

사춘기 아이들에겐 '엄마식 보호'가 필요 없다

아빠나 엄마나 자식을 사랑하기는 매한가지이지만 아빠의 사랑과 엄마의 사랑은 그 성격이 조금 다르며, 아이들의 성장 단계에 따라 필요로 하는 사랑의 유형도 달라진다.

먼저 엄마의 사랑은 '보호'의 성격이 강하다. 아이가 어릴수록 엄마의 보호 성향이 아이들에게 믿음을 주어 엄마와 아이의 관계를 밀착시킨다. 유치원, 초등학교 저학년 시기에는 아빠의 사랑 역시 '보호'의 범주에서 크게 벗어나지 않는다. 그러나 이 시기는 아이가 엄마를 더 찾을 때라 아빠가 엄마를 보조하는 것 이상의 역할을 하기는 힘들다. 그러면 아빠의 사랑은 무엇으로 표출될까? 바로 '열정과 질서'다. 열정은 사랑을 표현하는 다른 방법이다. 엄마도 아이에게 열정을 전해줄 수 있지만, 아빠만큼 하기는 힘들다.

초등학교 고학년에 들어서면 대부분의 아이들은 사춘기를 겪는다. '질풍노도의 시기', '자아정체성 확립의 시기'라고 교과서에는 멋지게 표현되어 있지만 실제 가정에서 사춘기는 바로 짜증, 말대꾸, 딴짓, 대들기, 용모 치장, 친구들과의 긴 통화 등으로 부모들의 울화통을 자극하는 시기다.

이 시기가 되면 아이들은 엄마의 사랑, 즉 '보호'를 '간섭'으로 여긴다. 심하면 엄마를 훼방꾼이나 귀찮은 존재로까지 격하한다. 그로 인해 아이를 위해서 헌신적으로 사랑을 쏟아붓던 엄마는 마음 한쪽이 떨어져 나가는 아픔을 느끼고, 그 아픔이 분노가 되어 다시 아이를 향하면서 잔소리가 늘어난다.

이런 상황이 오면, 아니 오기 전에 아빠가 역할을 해야 한다. 바로 앞서 이야기한 아빠의 '열정과 질서'를 표현해야 한다. 그러면 사춘기에 들어

선 아이도 아빠의 또 다른 면을 인식하고 존중한다.

아이 입장에서 아빠와 관계를 맺는 것은 엄마와 관계를 맺는 것과는 전혀 다르다. 약간 겁도 나고 재미있을 것 같지만, 무엇보다 아빠와의 관계는 '공정'할 것이라고 생각한다. 엄마에게 따뜻한 보호를 받고 아빠의 열정과 질서를 배운 아이들은 반드시 바르게 자란다.

아이들과 그간 상담을 해오면서 느낀 것은 사춘기를 심하게 겪는 아이들일수록 아빠가 제 역할을 하지 못한 경우가 많다는 점이다. 우리나라 아빠들은 아이들에게 어떻게 사랑을 표현하고 올바른 길로 이끌어주어야 하는지 잘 모른다. 그동안은 먹고살기 바빴고, 아이가 사춘기에 들어서는 무렵이면 공교롭게도 직장에서 중책을 맡고 있는 경우가 많아 대부분의 시간을 직장에서 보내는 일이 다반사이기 때문이다. 아이들에게 관심이 없어서가 아니라 아이들의 이야기를 들어주고 애정을 표현할 시간이 없는 것이다.

일부 아빠들은 자신의 역할을 '돈을 벌어다주는 사람'으로 한정하고 "남자가 사회생활하기가 얼마나 힘든 줄 알아?", "내가 술 먹고 싶어서 먹냐? 이것도 다 사회생활의 연속이야"라며 가족들에게 사회생활의 어려움을 호소하고, 맞벌이를 하더라도 아이 교육에 관한 일은 아내 몫으로 돌린다.

하지만 사춘기에 접어든 아이들에게는 '보호'가 아닌 '열정과 질서'라는 새로운 유형의 사랑이 필요하며, 그 역할은 아빠만이 해줄 수 있음을 알아야 한다.

아빠의 역할은
내 직장과 일을 아이에게 보여주는 것부터

우선 가장 쉽게 할 수 있는 일은 아빠가 직업에 대한 열정을 아이에게 전하는 것이다.

아이들은 5~6학년 때부터 일과 직업에 대해서 배운다. 그런데 아빠가 구체적으로 무슨 일을 하는지를 모르는 아이들이 너무나 많다. 사무를 보든 공장에 다니든 상업이나 서비스업에 종사하든 아빠가 자신의 직업에 만족하지 않으면 아이는 아빠를 신뢰하기 어렵다. 그러니 아빠가 하는 일을 아이들에게 자세히 설명해주어라.

어떻게 이야기를 꺼내야 할지 막막하다면 "아빠가 요즘 무슨 일을 하는지 아니?"와 같은 질문으로 대화를 시작해보자. 필요하다면 방학이나 휴일을 이용해서 직장에 아이들을 데려가는 것도 좋다. 아빠가 일하는 모습을 보여주는 것, 그것이 아이가 아빠의 열정을 느낄 수 있는 좋은 방법이다.

사춘기 아이와 적극적으로 대화하는 것도 절실한데, 이때는 아이를 우리 회사의 신입사원이라고 생각하고 대하면 된다. 인격을 존중하되 자신이 상사라 생각하고 품위를 지키며 이야기를 나눠보는 것이다. 물론 마음속에는 가족으로서 사랑하는 마음이 더 크게 깔려 있어야 한다.

아이들은 신기하게도 아빠의 그런 마음을 읽는다. 아이들은 협상과 대화의 주도권이 아빠에게 있다는 사실을 알면서도 아빠와 협상을 벌일 것이다. 그러나 곧 아빠는 잔소리 심한 엄마보다 더 무섭다는 것을 알게 되고, 그러면서 자연스럽게 '질서'를 배워나간다.

우리 아이가
사랑에 빠진다면

　초등학생들의 이성 관계만큼 아이들과 부모 그리고 교사의 시각이 극명하게 차이 나는 문제는 없을 것이다. 아이들은 강한 호기심과 열망으로, 부모는 강한 염려와 두려움으로, 교사는 고단함이 담긴 시선으로 그 문제를 바라본다. 어른들의 시선이 곱지만은 않은 이유는 사춘기 아이들의 이성 관계는 도대체 어떻게 시작해서 어떻게 진행되고 어떻게 끝나는지 종잡을 수가 없기 때문이다.

이성 친구를 사귀거나
좋아하는 이성 친구가 있는 아이들의 행동 특징

그러면 자녀가 이성 친구에게 관심 있는지는 어떻게 알 수 있을까? 그런 아이들이 보이는 평소와 다른 행동 특징을 정리해보았다.

■ 장신구나 외모에 관심이 많아진다

여학생들에게서 많이 보이는 현상이다. 외모와 장신구에 관심을 기울이는 것 자체는 자연스러운 일이지만 특히 이성 친구에게 관심이 있을 때는 자신을 돋보이게 하기보다는 감추는 데 더 많은 신경을 쓴다는 것이 특징이다. 즉 장점을 부각하기보다는 단점을 감추려고 엄청난 노력을 한다. 예쁜 척하는 아이들은 오히려 이성 관계가 건전하다. 비교적 높은 자존감이 이성 관계를 정립하는 데도 긍정적인 영향을 미치기 때문이다.

아이가 아침에 화장실에서 빨리 나오지 않고 머리 손질에 공을 들인다면 이성 친구에게 관심이 많은 것으로 생각해도 틀리지 않을 것이다.

■ 쉬는 시간에 유난히 시끄럽다

수업 시간에 집중을 하지 않거나 쉬는 시간에 아이들이 몰려다닌다면, 특히 여학생들이 화장실에 우르르 몰려가 오랜 시간 동안 소근거린다면 더욱더 신경 써야 한다. 옥상으로 올라가는 계단에 아이들이 몰려 있는 것도 관심을 가지고 지켜봐야 할 일이다.

■ 교사에게 반항한다

교사와 학생은 아무리 친해도 둘 사이에는 암묵적인 규칙이 있다. 아이가 그것에 반항할 때가 있다. 대체로 아이가 자존심이 상했을 때 이런 행동을 한다. 특히 평소에 교사의 통제를 잘 따르던 아이가 반항할 때는 이성 친구와 연관이 있지는 않은지 의심해봐야 한다.

■ 행동 양식에 변화가 생긴다

평소 떠들던 아이가 차분해진다든지, 평소 차분하던 아이가 활발해진다든지 행동에 변화가 찾아오면 이성 친구에 관심이 있어서라고 의심해볼 수 있다.

사춘기 아이들은 이성 친구가 생기면 좋아서 들뜬 표정으로 다니기보다는 뭔가 비밀스러운 일을 하고 있다는 것에서 느껴지는 감정을 즐긴다. 그래서 학교에서나 집에서나 웬만하면 이성 교제 사실을 들키지 않으려고 한다. 그러다 보니 뭔가 다른 행동을 보이기 시작하는 것이다.

■ 쪽지, 문자, 메신저에 열중한다

이성 친구와 비밀스러운 이야기도 하지만, 그보다는 이성 친구를 사귀는 사실을 아는 동성 친구들과 더 많은 통신을 한다.

초등학생들의 이성교제의 특징

이성 친구를 사귀는 아이들을 보면 시답지 않을 때가 많다. 몇천 원짜리 커플 목걸이나 커플링을 끼고 돌아다니고, 하트를 담은 문자를 날린다. 기가 막힐 지경이다. 한참 예민하고 성에 눈을 뜰 나이라서 부모들은 염려하지만 실제로 부모들이 염려하는 것만큼 이성 관계 때문에 큰 문제를 일으키는 아이들은 거의 없다. 아이들의 이성 교제의 특징을 알고 나면 한결 마음이 놓일 것이다.

■ 사귀는 기간이 짧다

6학년 교사만 10회를 하면서 관찰해본 결과 6개월 이상 이성 교제를 하는 아이들은 거의 없었다. 요즘은 더욱더 사귀는 기간이 짧아져 한 달 이상 사귀면 장수 커플로 인정받는다.

교제 기간이 짧은 것은 여러 가지 이유가 있다. 가장 흔한 이유는 남학생의 변심과 여학생의 방조다. 남학생의 변심이 가장 흔한 이유인데, 변심이 잦은 남학생은 아이들 사이에서도 '바람둥이'라고 놀림을 당하기도 한다. 신기한 것은 바람둥이인 줄 알면서 이 남학생과 사귀는 여학생이 끊이질 않는다는 점이다.

여학생의 방조는 느슨한 결속력 때문에 빚어진다.

"나도 너한테 별 관심 없었어."
"네가 하도 날 좋아한다고 하니까 그냥 사귀어준 거야."
"난 상관없으니까 헤어지고 싶으면 헤어져."

이렇게 쿨하게 헤어지는 것을 여학생의 방조라고 부른다. 하지만 이렇게 헤어지는 것은 그나마 다행이다. 여학생이 동성 친구에게처럼 남학생에게도 강한 결속을 요구해서 문제가 생기면 교사도 감당하기 힘들다.

■ 강렬할수록 실속은 없다

요즘 아이들은 휴대폰을 들고 다닌다. 수업 시간에는 휴대폰을 사용하지 못하도록 금지해도 이성 친구가 수시로 보내는 문자를 확인하다가 적발되는 아이들이 간혹 있다.

문자를 확인해보면 누구와 어떻게 사귀는지 훤히 알 수 있다. 손발이 오글거리는 대화들로 넘쳐나고, 특히 사랑을 고백하는 초반 대화들은 웬만한 어른들보다 더 강렬하게 애정을 갈구하는 내용이 많다. 그러나 내용이 강렬할수록 실속은 없는 경우가 대부분이다.

■ 때로 어른들보다 더 쿨하다

아이들이 쿨한 이유는 상처받기 싫어서다. 그래서 남학생들은 한 명에게 고백하기보다는 여러 명에게 대시를 한다. 몇 명 중에 한 명이라도 자신의 대시를 받아주면 한 명에게만 집중했을 때보다 덜 상처받는다고 생각하기 때문이다.

여학생은 남학생의 강렬한 대시를 즐기는 편이다. 겉으로는 "귀찮다", "바람둥이다"라고 놀리지만 자신에게 대시한 남학생을 매몰차게 내치지는 않는다. 대신 "네가 간절히 원하니 하는 것 봐서 사귀어줄게" 정도로 시작하는 것이 보통이다. 그러니 마음을 다 주지는 않는다. 사랑한다고 하니까 그리 나쁘진 않고, 예쁘다고 하니까 내심 기분 좋아 거울 한 번 더 보고, 커플링 주니까 껴주고, 시시콜콜한 문자 오니까 심심하진 않고, 또 누가 나에게 좋아한다고 고백하지 않을까 기대하면서 아쉬운(?) 대로 지금 사귀는 아이랑 잘 지내려 한다.

■ 비밀스러운 관계인데 모든 아이들이 다 안다

아이들한테는 누가 누구랑 사귄다는 이야기가 지구 멸망 다음으로 큰 화젯거리다. 누가 누구를 좋아하고 사귀는지에 아이들은 매우 관심이 많다. 특히 아직 이성 친구가 없는 아이들(예비 커플)은 다른 아이들이 사귀는 것에 매우 관심이 많다.

■ 끝은 미약하다

헤어지기까지 보통 한 달에서 두 달 정도 걸린다. 드라마나 영화에서 보듯이 같이 공부하고, 집에 바래다주고, 힘든 일은 위로해주고, 힘이 되어주는 관계는 10퍼센트나 될까 말까 하다. 온 학급과 학교를 들썩이게 하던 커플도 끝날 때는 흐지부지하게 끝난다.

그렇다고 서로 미워하며 끝내는 경우는 드물고, 미련 없이 떠나고 게임을 즐기듯이 새로운 사람을 찾는다. 설령 헤어지는 것을 괴로워한다 해도 잠시뿐, 금세 새로운 만남을 시작할 준비를 하는 것이 요즘 아이들이다.

자녀의 이성교제를 바라보는 원칙

이쯤에서 건전한 이성 관계의 개념을 정립할 필요가 있다. 10회나 6학년을 맡았던 교사로서 아이들이 건전한 이성 관계를 맺도록 하는 데 도움이 될 만한 노하우를 풀어보겠다.

먼저, 사춘기 아이들이 이성 관계를 '또 다른 교우 관계'로 받아들이도록 유도해야 한다. 이성 교제의 보편적인 모델을 접한 적 없는 아이들은 텔레비전 드라마, 영화, 인터넷이나 또래 친구들에게서 전해들은 잘못된 정보를 이성 교제의 표본인 양 받아들이고 그대로 따라하려고 하기 때문이다.

부모들은 아이들 사이에 오간 다소 민망한 문자 내용, 메일 혹은 말투

등을 접하고 소스라치게 놀라는데 그것 자체를 문제 삼을 필요는 없다. '우리 아이가 많이 컸구나' 정도로 생각해주면 된다. 듣고 본 것은 많아도 실행하는 것을 두려워하는 게 사춘기 아이들의 특징이라 실제 애정 관계는 매우 소극적인 방향으로 나타나기 때문이다.

교사는 도덕과 결부해서 이성 관계를 가르치는 것이 좋다. 그때 가장 중시하는 것이 '배려, 신의, 믿음'으로, '이성 관계는 동성 간의 교우 관계와는 조금 다른 형태의 교우 관계'임을 강조한다. 동성 친구는 약간 멀어져도 관계를 유지하기가 힘들지 않지만 이성 친구는 애정이 활활 타올랐다가 금방 식어버린다는 점, 그렇게 애정이 식고 난 후에는 서로에게 상처가 남는다는 점도 함께 알려준다.

보고 들은 게 많은 요즘 아이들은 영악해서 이성 친구와의 관계가 깨지면 받을 상처를 최소화하려고 더 얕게, 더 자주 상대를 바꿔가며 사귄다. 문제는 자주 상대가 바뀌다 보니 자연스레 친구들에게 신뢰를 잃는 경우가 생긴다는 것이다. 즉 이성 관계 자체가 나쁘다는 것이 아니라 그로 인해 교우 관계까지 왜곡될 수 있어 또 다른 상처를 입을 확률이 높으니 잘 살펴보고 적절히 지도해야 한다.

이성 친구를 사귀는 아이들에게 꼭 해주어야 할 이야기

'어린것이 별걸 다 한다.'

이렇게 생각하기엔 이성 친구와 사귀는 일이 아이들 세계에서 너무나 흔한 일이 되어버렸다. 그러니 자녀가 이성 친구를 사귀는 것을 무작정 반대하거나 두려워할 것이 아니라 다음과 같은 말로 아이들에게 '이성 친구와의 교제는 신뢰와 사랑을 바탕으로 새로운 친구를 사귀는 것'이라는 생각을 심어줄 필요가 있다.

■ "멋진 남자, 멋진 여자가 되어라"

아이들은 이성에 눈을 뜨면 제일 먼저 자신의 몸을 꾸미기 시작한다. 남자아이들은 그다지 표 나게 하지는 않지만, 간혹 특정 부위나 물건에 집착하기도 한다. 대표적인 것이 머리카락이다. 여자아이들은 머리 모양과 옷에 신경 쓰고, 목걸이나 반지를 끼고, 매니큐어를 바르는 등 다양한 방법으로 외모를 꾸민다.

아이들과 '어떤 여자와 어떤 남자가 멋진 여자, 멋진 남자인가?'를 주제로 함께 토론해보았다. 남학생은 공통적으로 착한 여자를 꼽았다. 물론 예쁜 것이 기본 전제지만 말이다.

아이들의 성장 특성상 이 시기의 여학생들은 남학생들보다 훨씬 성숙한 편이라 대체로 왈가닥일 확률이 높다. 그래서 오히려 여학생이 먼저 남학생에게 대시하는 일도 많다. 그러나 남학생들은 왈가닥 여학생을 엄마와 동일시하기 때문에 아무리 예뻐도 그다지 매력을 못 느낀다. 남학생들은 애교가 많고 차분한 여학생을 좋아한다. 실제로 그런 여자아이들이 인기가 많지만 다른 여학생들의 질투도 한몸에 받는다.

여학생들은 '깔끔하고 매너 있는 남학생'을 가장 선호한다. 여기서 말하는 매너란 바로 '존중'이다.

■ "상대방을 존중하는 방법을 배워라"

아이들에게 이성 친구가 생기면 긴밀한 관계를 맺었던 부모와는 또 다른 관계 설정이 필요하다. '크면 알아서 잘하겠거니' 하고 생각하면 커서도 못한다. 배운 적이 없는데 어떻게 알 수 있을까?

부모는 아이에게 '이성 친구와의 관계는 부모에게서처럼 무조건 받는 관계가 아니다'라는 사실을 일깨워줘야 한다. 그리고 이성 친구를 내 것이라고 생각해서 마음대로 하려 해서는 안 된다고 가르쳐야 한다. 또 감정을 조절해야 사랑이 오래 간다는 사실을 깨우쳐주는 것도 중요하다.

■ "헤어질 때는 아름답게!?"

요즘 아이들은 이성 친구와 사귀기 시작할 때는 어른 못지않게 뜨겁지만 헤어질 때는 흐지부지다. 그렇지만 엄청난 구애 작업(?)을 통해 커플이 되어 불과 한두 달 만에 헤어지더라도 자신들은 쿨하게 헤어졌다고 말한다. 어찌 보면 쿨할 수도 있지만 달리 생각해보면 참 비겁한 행동이다.

앞서도 말했지만 아이들은 사랑을 하고 싶어하면서도 상처는 받기 싫어한다. 상처를 받기 싫어서 헤어질 땐 서로에게 상처를 줘가며 '책임이 너한테 있다'는 것을 확인하려 한다. 그래서 아이들에게 이렇게 말해준다.

"좋아하는 감정은 언젠가는 사라진다. 그래서 사귀다 헤어지는 것은 당연하다. 대신 헤어질 땐 처음 만났을 때의 느낌을 떠올리며 상대방에게 감사하는 마음을 표현해라. 이렇게 헤어지는 의식을 정중하게 해야 새로운 사랑을 해도 상대방에게 실례가 되지 않는다."

사소한 일을 큰일로 만드는
어른들의 오해

　아이들의 이성 교제보다 조금 더 무거운 주제, '학교폭력' 문제에 접근
해보자. 아래의 사례는 초등학교 6학년 아이들의 특성과 상담 내용을 조합
해 작성된 것이다.

상우, 어떨결에 학교폭력의 주인공이 되다

　초등학교 6학년 상우가 전 여자 친구 하늘이의 연락을 받고 옆 학교에
갔다가 큰일이 벌어졌다. 상우는 하늘이와의 의리를 지키고자 하늘이가 다
니는 학교에 간 것뿐인데, 어쩌다 보니 학교폭력 문제로 번진 것이다. 상우
가 싸움 잘하기로 소문난 아이라는 데서 모든 문제가 시작됐다.

■ 시선 1 : 상우의 시선 _ 의리

전에 사귀던 여자 친구 하늘이에게서 오랜만에 문자메시지가 왔다.

> **하늘** : 요즘 학교생활이 재미도 없고 힘들어. 몇몇 애들은 나를 좀 싫어하
> 는 것 같아.
> **상우** : 그래? 내가 좀 도와줄까? 점심시간에 가면 되지?

이미 헤어진 여자 친구지만 의리가 있지, 애들이 그녀를 괴롭히는 건 참을 수 없다. 옆 학교이긴 하지만 점심시간에 찾아가 그 애들에게 약간 겁만 주고 오면 하늘이에게 점수도 따고, 재수 좋으면 다시 사귈 수도 있을 것 같았다. 그래서 4교시 체육 시간에 배가 아프다고 거짓말을 하고 뒷문에 보관해둔 자전거를 타고 하늘이가 다니는 학교로 달려갔다.

아직 4교시 수업이 끝나지 않아 운동장에 자전거를 세워놓고 어슬렁거리며 학교 건물 쪽으로 걸어가는데, 저 멀리서 배움터 지킴이 선생님이 날 부른다.

> **지킴이 교사** : 우리 학교 학생이 아닌 것 같은데, 어딜 가나?
> **상우** : 누굴 좀 만나러 왔습니다.
> **지킴이 교사** : 넌 오늘 학교에 안 갔니? 수업이 아직 안 끝났을 텐데 왜 여
> 기에 있어?
> **상우** : 그게, 저… 사실은….

마침 점심시간 종이 울린다. 잠시 후 운동장으로 아이들이 우르르 몰려 나와서는 지킴이 선생님 앞에서 쩔쩔 매는 나를 구경한다.

지킴이 교사 : 무슨 일인지 쪽지에 적어놓고 가면 나중에 연락 줄게. 그리고 이렇게 남의 학교에 오면 안 돼. 빨리 너희 학교로 돌아가.

뻘쭘하게 서 있다가 하늘이의 얼굴도 못 보고 다시 학교로 돌아간다. 잠시 후 모르는 전화번호가 찍히며 휴대폰 벨이 울린다. 받으니 하늘이의 담임선생님이다.

하늘의 담임교사 : 혹시 네가 상우니? 무슨 일로 왔는지 모르겠지만 선생님과 이야기 좀 했으면 좋겠는데.
상우 : 저, 그게….
뚜뚜뚜….

이럴 땐 전화를 끊는 게 상책이다. 학교로 돌아갔더니 담임선생님이 불러서는 하늘이의 학교에 간 일에 대해 물으신다. 어떻게 이렇게 금방 아셨을까?

나는 수업이 모두 끝나고 부장선생님께 불려 가 반성문을 쓰고 집에 갔다. 하지만 뿌듯하다. 내 용기를 하늘이에게 보여줬으니 좋은 소식이 오겠지?

그날 밤 하늘이에게서 카톡이 왔다.

하늘 : 뭐야? 너 땜에 나 망했어 ㅠㅠ

알다가도 모를 게 여자 마음이다.

하늘이가 몇몇 아이들에게 자랑 반 푸념 반으로 아침에 상우에게 카톡을 보낸 사실을 알리자 아이들은 공포에 사로잡혔다.

아이 1 : 옆 학교 일진이랑 우리 반 하늘이랑 사귄다며?

아이 2 : 오늘 일진 애가 하늘이 괴롭히는 애들 손봐주러 우리 학교에 온대.

아이 3 : 정말? 언제 오는데? 점심시간?

아이 4 : 근데 그 학교 일진, 그렇게 싸움을 잘한다면서?

아이 5 : 키도 엄청 크고 덩치도 엄청 크대. 혹시 너 손봐주러 오는 거 아냐?

아이 6 : 아냐, 나는 하늘이 안 괴롭혔어! 난 아니야~.

다행히 별일 없이 지나갔지만 몇몇 아이들이 집에 가서 부모님께 오늘 있었던 일을 이야기하는 바람에 동네에서는 난리가 났다. 결국 부모들이 모여서 대책회의를 한다.

부모 1 : 뭐예요? 그럼 우리 학교에도 일진이 있단 말이에요?

부모 2 : 이건 학교폭력으로 신고해야 해요.

부모 3 : 그냥 넘어갈 문제가 아니에요.

부모 1 : 학교에도 항의하고 대책을 마련해달라고 해야 해요.

부모 2 : 언론과 방송에도 알리고 교육청에도 민원을 넣어서 확실하게 마무리해야 합니다.

며칠 뒤 △△신문에는 다음과 같은 기사가 났다.

'초등학교에도 학교폭력, 일진 피해 심각'

'광란의 초등학교, 아이들 공포에 떨어…'

'학교폭력, 이대로 괜찮은가'

'학교의 학생 지도 소홀, 넋 나간 학교'

■ 시선 3 : 교사의 시선 _ 코미디

점심을 먹고 교실로 오니 아이들이 웅성거린다. 하늘이는 책상에 엎드려 울고 있다. 무슨 일이 벌어진 게 틀림없다. 아이들에게 물어보고, 하늘이의 카톡 내용을 확인하고 나니 대충 상황이 파악됐다.

배움터 지킴이 선생님께 저간의 사정을 들어보니 별일은 아니었다고 한다. 남자아이가 덩치가 크고 좀 엉뚱한 구석이 있어 보였는데, 고분고분 말을 잘 들어서 타일러 보냈다고 한다.

오늘의 주인공인 옆 학교의 상우에게 전화를 건다. 하늘이 담임선생임을 밝히고 할 말이 있으니 좀 보자고 했는데, 상우는 전화를 끊더니 그 후로 연락이 없다.

교탁에 서서 상우의 일에 대해 아이들과 이야기한다.

하늘의 담임교사 : 애들이 그러는데 하늘이 친구 상우가 옆 학교의 일진이라면서? 싸움 잘해?

아이 1 : 키도 엄청 크고 덩치도 커서 몇 대 몇으로 싸워도 이긴대요.

하늘의 담임교사 : 아예 소설을 써라. 그리고 하늘이, 너 상우랑 사귀지 마라.

하늘 : 네?

하늘의 담임교사 : 야, 남친이 뭐 그래? 선생님한테 와서 '여친이 괴롭힘을 당한다고 해서 찾아왔습니다', 이렇게 말할 배짱과 용기도 없고 말야. 나중에 널 보호해줘야 할 진짜 무서운 일

벌어지면 그냥 도망가겠는데.

아이들 : 푸하하하….

옆 학교 6학년 부장선생님께 오늘 있었던 일을 이야기한다. 아마 상우는 오늘 그 부장선생님의 잔소리에 시달릴 것이다. 그리고 내 휴대폰에 상우의 전화번호를 등록한다. 가끔 전화해서 배포를 키워줄 생각이다.

이렇게 학교 현장에서는 별것 아닌 일이 크게 부풀려져 학생들과 학부모들이 괜한 걱정을 하는 일이 종종 생긴다. 당신도 아이의 행동을 오해하거나 확대 해석한 적은 없는지 되돌아보길 바란다.

학교폭력의 가장 큰 원인은 낮은 자존감이다

왕따와 학교폭력이 우리 사회의 심각한 이슈로 대두된 지도 꽤 되었다. 그러나 아직까지도 왕따와 학교폭력을 예방할 제도적 장치가 미흡한 것이 사실이다. 학교에도 수업 지도, 교육과정, 학급 경영 분야의 전문 교사는 풍부하지만 생활지도를 전문으로 하는 상담교사는 부족한 실정이다.

왕따와 학교폭력은 아마 학교에서 가장 흔히 일어나는 문제일 것이다. 개인 대 개인 사이에 벌어지는 학교폭력은 그나마 양호한 편이다. 일 대 다수, 다수 대 다수로 괴롭히거나 따돌리는 등 왕따와 학교폭력이 벌어지는 유형과 형태는 이루 말할 수 없이 다양하다.

따돌림, 일명 왕따는 교실에서 가장 많이 부딪히는 문제로 여러 아이들이 한 아이를 괴롭히는 문제가 해결된 것 같아 안심하고 있다가 왕따 문제에 직면하는 일이 많다. 왕따는 괴롭힘보다 교사나 부모가 알아채기 힘들어 더 큰 문제가 있다. 괴롭히는 단계에서 교사나 부모가 알아채면 혼내고 회유하거나 간섭을 해서 가해 아이를 압박하는데, 이 단계에서 가해 아이가 반성하고 태도를 바꾸지 않은 채 다른 아이를 또다시 은밀히 따돌리거나 괴롭히는 일이 잦기 때문이다.

아이들이 문제를 일으킬 때는 마치 화학반응이 일어나듯이 한 가지 문제가 전혀 다른 새로운 문제를 일으키기도 하고 사소한 문제가 걷잡을 수 없이 커져버리기도 한다. 아이들이 일으키는 문제는 다 해결된 것처럼 보이다가도 다시 불거지고, 한쪽을 누르면 다른 쪽에서 튀어나오고 잠잠해졌다가도 다시 튀어나온다.

가장 근본적인 문제는 가해 아이나 피해 아이나 자존감이 부족하다는 것이다. 부족한 자존감은 자신이 처한 상황을 객관적으로 보지 못하게 한다. 그로 인한 사소한 오해는 부족한 자존감과 결합해 폭력성을 부추기거나 자존감을 지나치게 위축시킬 가능성이 크다.

교실에서의 왕따와 학교폭력 해결책

왕따와 학교폭력은 가해 아이와 피해 아이가 스스로 문제를 해결할 수 없기 때문에 반드시 교사가 개입해야 한다.

■ 반의 모든 아이들에게 상황을 알린다

가장 먼저 반의 모든 아이들에게 상황을 알려야 한다. 그러나 이미 반 아이들이 다 알고 있는 경우가 더 많다. 스스로 해결할 수 있는 자정 능력을 상실했기 때문에 단순한 조언이나 지도만으로는 해결할 수 있는 상황이 아닌 것이다. 그냥 두면 상황이 매우 심각해진다. 심각한 학교폭력은 대체로 초기에 제대로 대처하지 못했기 때문에 일어난다.

■ 모든 내용을 기록으로 남긴다

관련 있는 모든 내용을 기록으로 남긴다. 가장 중요한 것은 퍼즐을 맞추듯이 문제를 해결해야 하는 점이다.

학교폭력에 관련된 학생이 두 명 이상일 때는 가해자 측과 피해자 측을 구분해야 한다. 이 과정에서 아이들은 서로 가해한 쪽이 아니라고 주장하거나, 자신이 가해한 사실이 있더라도 어떻게 해서든 정당화하려고 한다. 주의할 것은 교사가 미리 넘겨짚어서 피해자와 가해자를 정하면 안 된다는 점이다. 심증이 간다고 해도 말이다.

이번 문제와 관련이 없는 아이들에게는 배심원 역할을 맡긴다. 이렇게 하는 까닭은 두 가지다. 첫째는, 그들이 가장 공정한 시각을 가지고 있어 교사는 심증을 배심원 아이들의 시각과 비교하면서 오류를 범할 확률을 줄일 수 있기 때문이다.

둘째는, 괴롭힘이나 왕따에 관여하지 않았더라도 공동체의 일원으로서 그 상황을 중재하거나 조언하지 않은 것은 잘못이라는 사실을 일깨워주기 위함이다. 괴롭힘이나 왕따에 관여하지 않은 아이들은 '내가 한 일이 아니니까 나는 상관없다'고 생각한다. 그럴 때는 '만약 너에게도 이런 일이 벌어진다면 선생님이나 다른 친구들이 널 도와주지 않아도 되겠네?'라고 반문함으로써 배심원으로라도 문제 해결에 적극적으로 참여하게 만들 수 있다.

진술서는 자세하게 쓰도록 한다. 초기 진술서는 피해자, 가해자, 관여하지 않은(배심원 역할을 맡은) 아이들까지 모두 쓰게 한다. 가해 아이와 피해 아이가 쓴 진술서는 면밀히 대조해보면서 아이들이 숨기거나 빼먹거나 인과관계가 불명확한 부분은 따져 묻는다.

배심원의 진술서는 유의미한 것과 무의미한 것을 가려낸다. 그중에서도 가해 아이나 피해 아이와 친한 아이의 것을 더욱 유심히 본다. 그리고 아무런 친분이 없는 아이의 것도 더욱 유심히 본다. 친한 아이의 것은 다른 아이의 것과 비교하면서 역시 거짓을 말하는지 아닌지에 중점을 두고 보고, 친분이 없는 아이의 진술서는 아직 맞추지 못한 퍼즐을 푸는 데 결정적인 역할을 한다. 보통 피해 아이와 가해 아이의 진술서는 세 번 정도 교정을 거친다.

진술서 내용 중 교사가 판단하기 어려운 부분은 배심원 아이들에게 이야기해서 집단 답변으로 도출하도록 한다. 이미 교사가 상황을 장악하고 있다는 사실을 알고 난 후라면 아이들이 거짓말을 하는 일은 거의 없다.

이 과정을 거치고 나면 상황이 명확해진다. 원인도 나오고, 어떻게 상황이 진행되었는지도 나온다. 이제부터가 중요하다.

■ 교사 혼자 해결할 수 없다면 주변의 도움을 구하라

교사는 문제를 스스로 해결할 수 있는지, 아닌지를 판단해야 한다. 자신의 역량에서 벗어난다고 판단했다면 주저 없이 동료 교사나 교장, 교감 선생님에게 도움을 요청한다. 동료 교사 중 평소 학급 경영에 능숙한 선배 교사에게 자문을 구하는 것이 좋다. 그리고 교장, 교감 선생님에게도 자문을 구하는 데 주저하지 말아야 한다. 풍부한 교직 경력은 학생들과 상담하는 데 아주 큰 도움을 준다.

선배 교사나 교장, 교감 선생님들은 이미 담임교사가 수집해둔 '진술서 맞추기'의 결과물이 있기 때문에 금세 상황을 파악할 수 있다. 이 경우 '진술서 맞추기' 결과물을 하나의 구조도로 만들어두는 것도 좋다. 이것도 배심원 아이들에게 맡긴다. 문제 상황과 이해관계가 없는 아이들 중 평소 학습 활동을 열심히 하는 아이에게 부탁하고 집단상담을 하는 동안에 교사는 문제에 집중하는 것이 좋다.

물론 담임교사가 나중에 '진술서 맞추기' 결과물을 보고 직접 작성해도 된다. 도움을 부탁한 선배 교사나 교장, 교감 선생님에게 자료 전체를 보여주는 것은 시간만 지체할 수도 있기 때문이다. '진술서 맞추기'가 안 돼 있으면 나중에 심각한 오류에 빠질 수도 있다. 스스로 문제를 해결하든, 도움을 요청하든 해결의 열쇠를 쥔 사람은 담임교사임을 잊지 말아야 한다.

■ 교사가 해결할 수 있는 결과라면 학급 재판을 연다

만약 담임교사 스스로 해결하려 한다면 문제 상황을 객관적으로 서술한 자료를 아이들에게 제공하고 학급 재판을 연다. 재판의 형식이 중요한 것이 아니라 과정이 중요하다. 교사가 일방적으로 판단해서 결정하는 것이 아니라 학급의 모든 구성원에게 책임을 물어야 한다. 배심원을 맡은 아이들에게는 잘못을 했는지 아닌지만 판단하게 한다. 가해 아이와 피해 아이에게는 자신의 입장을 공개적으로 말하게 한다(가해 집단과 피해 집단도 마찬가지).

이때 자신의 입장을 이야기하지 못하면 스스로 잘못을 인정하는 것이라고 알려준다. 이미 진술서를 적었기 때문에 발표력이 떨어지는 아이들은 진술서를 읽도록 한다. 형식을 따지기보다는 평소 아이들끼리 이야기하는 방식대로 진행하는 것이 좋다.

가해 아이와 피해 아이의 진술이 모두 끝나면 그 아이들은 교실 밖으로 나가게 하고 배심원과 교사는 토론을 해서 일단 유죄인지 무죄인지를 가린다. 그리고 유죄로 판결되면 어떻게 할 것인지를 협의한다. 교사가 자신이 생각한 벌칙의 수위를 배심원들에게 이야기해주고 배심원들은 적절한 수위인지를 판단하게 한다. 이와 같은 과정을 거치면 교사가 주관적으로 판결하고 해결 방법을 내놓는 것보다 훨씬 정교한 해결 방법이 나온다.

조정이 끝나면 가해 아이와 피해 아이를 부른다. 보통 이 상황까지 오면 문제를 일으킨 아이는 어떤 벌을 받는 것보다 많은 충격을 받는다. 객관적인 상황에서 가해자로 놓인 경험은 이제껏 아이가 겪은 그 어떤 두려움보다 더 큰 두려움을 안겨줄 수 있다. 자신이 저지른 일을 집단 지성에 의해 평가받아본 일이 한 번도 없었기 때문이다. 교사는 가해 아이를 벌 주는 데 목적을 두는 것이 아니라 이와 같은 기회를 통해 자신이 한 일을 스스로 깨우치게 하는 데 목적을 두어야 한다.

가해 아이가 유죄로 판명되면 벌칙의 수위는 피해 아이가 정하게 한다. 그런데 피해 아이가 가해 아이에게 자신이 당한 일을 그대로 복수(?)해주길 원하는 일은 거의 없다. 대체로 배시시 웃으며 "앞으로 친하게 지냈으면 좋겠어요"라고 자신이 정한 벌칙을 이야기한다. 이미 재판 과정을 통해 자신의 불만과 괴로움을 어느 정도 해소했기 때문이다. 하지만 그럴수록 마음을 다잡고 가해 아이를 압박해야 한다.

"네가 그렇게 괴롭히고 때렸던 ○○이는 단지 네가 괴롭히지만 않으면 좋겠다는데, 넌 기분이 어떠냐?"

그러면 가해 아이의 표정이 묘하게 일그러진다. 벌은 이것으로 충분하다. 하지만 마지막으로 한 가지 절차가 더 남아 있다.

"네가 잘못했다는 사실을 알았다면 공개적으로 사과하고 용서를 구해라."

이건 가해 아이가 받아들이기 힘들어하더라도 반드시 해야 한다. 비록 보여주기 위한 행동일지라도 공개적으로 사과하고 용서를 구하는 것이 향후 가해 아이의 행동을 변화시키는 데 커다란 영향을 미치기 때문이다. 만약 가해 아이가 머뭇거린다면 교사는 압박과 동시에 격려를 한다.

"용서를 구하는 것도 용기 있는 행동이고 자신이 저지른 잘못을 지울 수 있는 기회다. 기회가 왔을 때 용기 있는 행동을 해라."

가해 아이는 힘들게 용서를 구한다. 이때 너무 형식에 얽매일 필요는 없다. 가해 아이는 이런 상황이 거의 처음인 경우가 대부분이므로 깔끔한 사과를 기대하는 것은 무리다. 피해 아이가 사과받는다는 느낌이 들 정도면 충분하다. 그리고 피해 아이에게도 꼭 확인시킨다.

"이제 충분히 사과받았다고 생각하니?"

피해 아이의 확인을 받고 난 후 다음과 같은 말로 재판을 마무리한다.

"너희들은 오늘 많은 것을 깨닫고 느꼈을 것이다. 누구든 실수할 수 있고 잘못할 수 있다. 여러분 한 사람 한 사람은 다 소중하고, 선생님에게는 모두 다 소중한 제자들이다. ○○가 혼났다고 해서 선생님이 앞으로 차별 대우하는 일은 없을 것이다. ○○도 선생님의 소중한 제자이기 때문이다."

아이들이 감정을 충분히 정리한 것 같으면 다시 수업을 시작한다. 이런 날은 오히려 수업이 더 잘되고 집중도 잘된다.

영화 치료 수업은
심리적 외과 수술과 같다

　　오랫동안 영화교육을 해온 나는 영화로 아이들의 심리적 상처를 치료해 보고자 영화 치료 수업을 병행하고 있다. 영화 치료 수업의 목적은 영화를 통해 가상의 상황을 경험하게 하고 자신의 처지를 대입, 비교해보게 해서 타인의 처지를 이해하는 데 있다. 영화 치료 수업은 시작하기 전에 집단상 담을 통해 아이들의 증상(상태)을 미리 파악해야 하므로 심리적 외과 수술 에 비유할 수 있다.

　　영화 치료 수업은 강도가 강해 몇몇 아이들은 심리적으로 위축될 수 있 으므로 매우 유연한 형식으로 진행한다. 아이들의 표정 하나하나를 눈여겨 보고 충분히 배려하면서 진행한다. 영화 치료 수업을 집단상담으로 진행하 는 이유는, 여럿이서 한 아이를 따돌리거나 괴롭힌 경우 아이들이 자신의 잘못을 대수롭지 않게 생각할 때가 많기 때문이다. 특히 개별상담을 하면 아이들이 자신의 잘못을 말하지 않거나 숨겨서 문제상황을 잘못 파악할 우려가 있다. 따라서 집단상담을 통해 서로 말을 맞추지 못하도록 하고, 모든 사실을 끄집어내도록 해야 한다. 그렇게 심리적 해체 상태를 유도하면 문제상황의 전후 관계를 파악하고 정확한 증상을 알아낼 수 있다.

일례로, 한 아이를 따돌렸던 ○반 아이들은 자신들의 잘못을 인정하는 데 비교적 오랜 시간이 걸렸다. 그 이유는 5가지인데, 첫째로 사소한 일에서 시작해서 오랫동안 문제가 누적되었고, 둘째로 가해 아이들은 왕따를 하나의 놀이처럼 생각해 자신의 행동을 정당화하는 모습을 보였으며, 셋째로 여럿이 함께 하면서 죄책감을 나누었고, 넷째로 방관한 아이들은 고통에 둔감해지기 시작했고, 다섯째로 피해 아이의 행동을 놀리는 것을 당연시하는 분위기가 있었기 때문이다.

그래서 상담을 통해 피해 아이의 감정 상태를 전달하고, 아이들의 잘못된 행동을 논리적으로 들추어냈다. 피해 아이가 느낀 감정은 '분노', '도피하고픈 마음', 그리고 '어느새 고통에 적응해가는 느낌'이었다. 아이들의 잘못된 행동을 사례별로 하나씩 제시하면서 공론화하자 아이들은 부끄러움을 느꼈다. 아이들에게 피해 아이에게 사과와 화해를 위한 편지나 글을 쓰도록 하고 최종적으로 교사의 지도를 받도록 유도했다.

수술 후 재활과 치료가 중요하듯이 영화 치료 교육을 마친 후에도 교사의 지도가 반드시 필요하다. 교사는 피해 아이의 언어 표현 능력과 논리적 사고력을 살펴봐야 하며 자기중심성, 자존감, 타인과의 공감 및 소통 능력을 두루 살펴봐야 한다. 이는 피해 아이가 자신의 문제를 스스로 해결할 수 있는지를 판단하는 기준이 된다. 피해 아이가 스스로 문제를 해결할 수 있는 역량이 충분하다면 교사는 해결 방법을 제시하고 기다려주는 것이 좋다.

■■ 영화 치료 수업의 실제 기록 예시

일시

2012년 ○월 ○일(월) 1교시~6교시

　　　　○월 ○일(화) 1교시~4교시(총 10교시)

대상

6학년 ○반

개요 (옆 반 교사의 객관적인 관찰 내용)

● ○반 둥글이(가명)가 지속적으로 반 아이들에게 괴롭힘을 당한다고 전해들음

● 둥글이 부모가 찾아와 상담을 함

● 학부모에게 적극적인 대처를 요구하고, 긴급회의 소집 후 영화 치료 수업으로 지도하기로 함

영화 치료 수업 진행 순서

영화 감상 및 내용 파악 → 영화 속 현실 분석 → 영화에서 본 내용과 교실 속 현실의 비교 및 대비 → 현실 상황 파악 → 자신의 감정 전달과 타인의 감정 공유 → 객관화된 감정 추출 → 객관화된 감정의 내면화 → 내면화된 감정 전달 → 감정 표출, 순화, 진정의 시간 부여 → 화합의 시간

● **영화 감상 및 내용 파악 : 〈파리대왕〉**

① 주제 : 인간은 선한 존재인가? 악한 존재인가?

② 생각할 문제 제시

- 가장 인상 깊은 장면은 무엇인가?

- 왜 그렇게 생각하는가?

- 내가 만약 영화 속 주인공이라면 어떤 선택을 할 것인가?

- 영화 속에서 말하는 괴물은 과연 무엇인가?

③ 추후 활동 : 가장 인상 깊은 인물에게 편지 쓰기

● **영화 속 현실 분석(학생들 작성 기록물 담임교사가 보관)**

① 영화의 줄거리 파악

② 등장인물에 대한 심리 분석

➡ 몇몇 아이들은 영화에서 벌어지는 상황(죽음)에 힘들어하기도 함

● **영화에서 본 내용과 교실 속 현실의 비교 및 대비**

① 영화 속 상황에 비교할 만한 구체적인 현실 상황을 찾기

② 착함, 나쁨, 악함에 대해 정의하기

③ 영화 주인공이 되어 내린 선택과 현실에서 자신이 내린 선택의 차이
를 비교하기

● **현실 상황 파악**

① 오늘 이뤄진 영화 치료 수업의 의도를 파악 : 절반이 넘는 학생이
이 수업의 숨은 의도를 알고 있었음

② 좋은 친구에 대해 정의함

③ 1~10점으로 스스로 '나는 좋은 친구인지'를 평가함

● **자신의 감정 전달과 타인의 감정 공유**

① 대부분 학생들이 보여준 자존감은 보통 이상이지만 둥글이는 자존
감이 낮은 것을 발견 : 좋은 친구 자기평가에서 자신에게 2점 부여

② 둥글이가 당한 속상한 일들을 구체적으로 발표

③ 둥글이의 감정을 친구들에게 전달

● **객관화된 감정 추출**

① 둥글이가 감정을 전달하는 과정에서 가해아이들에게 반론의 기회를 줌

② 사실과 감정 사이에서 객관화할 수 있는 것을 추출

③ 객관화된 것을 다시 아이들이 알 수 있는 감정을 나타내는 언어로 표현

● **객관화된 감정의 내면화**

① 둥글이와 다른 아이들이 대화를 통해 얻은 객관화된 감정을 내면화시킴

② 흔히 쓰는 놀리는 말이 상대방과 그 부모님에게 얼마나 큰 아픔을 주는지 이해시킴

　예) ADHD라고 놀렸다면 ADHD의 명확한 뜻을 알고 있는지부터 시작해서 그런 말을 하면 당사자가 어떤 상처를 받는지 등을 이야기해줌.

③ 둥글이가 가만히 있지 못하고 계속해서 다리를 떨며 부산하게 행동함

④ 장난 삼아 혹은 별생각 없이 한 행동이 상대방에게 상처를 준다는 사실을 인지시킴

⑤ 방관하던 아이들에게도 잘잘못을 가려 지적해야 한다는 사실을 인지시킴

⑥ 문제가 아이들 자신에게 있고 해결 방법도 자신에게 있다는 사실

을 인지시킴

● **내면화된 감정 전달**

① 가해 아이들에게 둥글이에게 했던 잘못들을 적게 함

② 자신의 감정을 전달하는 것 자체가 용기라는 점을 인식시킴

③ 여기서 해결하지 못하고 감추면 더 힘들어진다는 것을 인식시킴

④ 가장 힘들어하고 고통스러워하는 부분을 인식시킴 : 가해 아이들이 무심코 다른 아이들과 편승해서 둥글이를 괴롭혔다는 사실을 인정하는 것

⑤ 자신이 둥글이에게 얼마나 괴로움을 주었는지 쓰게 함

⑥ 영화에 나오는 상황과 영화를 보고 느낀 것을 말하는 과정에서 영화 속 상황과 교실 속 상황이 다르지 않음을 인식하지만 자신들의 행동을 별것이 아닌 것으로 축소시키려는 기색이 보임

⑦ 교사의 적극적인 개입과 유도 : 둥글이가 당한 괴로운 일들을 상기시켜주며 솔직하게 고백하고 참회하는 것이 진정으로 용기 있는 행동이라는 것을 계속 인식시켜줌

● **감정 표출, 순화, 진정의 시간 부여**

① 미안하다고 말하는 아이나 그 사과를 받아들이는 아이나 진실에 직면했을 때 오는 파동이 각자 다름 : 가해 아이는 자신의 잘못을 인정할 때 격하게 울거나 표정이 일그러지거나 아무렇지 않은 듯 행동하고, 피해 아이는 가해 아이가 잘못을 인정하는 내용을 들으면 어색해하고 표정 관리가 안 됨

② 한 번도 해본 적이 없는 행위와 말을 하면서 평소처럼 평상심을 유지하려 장난스럽게 하려는 아이들에게는 감정을 다잡을 수 있도록

유도함

③ 먼저 감정을 표출하는 아이를 격려하고 용기를 북돋우며 나머지 아이들이 감정을 표출할 수 있는 기회와 시간을 줌

④ 둥글이의 느낌과 생각을 들을 수 있도록 유도하고 둥글이가 느낀 부정적 감정과 둥글이가 아이들에게 할 긍정적 태도들에 대해 이야기를 나눔

⑤ 둥글이에게 용서를 구하는 편지를 쓰게 했더니 대부분의 아이들이 마음에서 우러나오는 용서의 편지를 씀

● **화합의 시간**

스스로 반성하고 용기를 내서 자신의 잘못을 인정하고 드러낸 아이들과 힘든 학교생활을 하고 있던 둥글이에게 서로 위로가 되는 시간을 가짐

교실에서 발생하는 문제에 교사는 어디까지 책임을 져야 할까? 정부에서는 학교폭력에 대처하는 표준화된 방침을 만들고는 있지만 들여다보면 한숨이 절로 나온다. 예전에는 교사가 잔소리를 하거나 벌을 주는 것만으로 무마되던 일들도 학교폭력위원회를 열어서 징계를 주는 것이 골자다. 이런 방침은 교사가 형식의 틀에 맞춰 지도할 수밖에 없게 한다.

혼돈의 시대가 아닐 수 없다. 보수, 진보를 주장하는 각 매체에서는 서로 한 치의 양보도 없이 상대방의 학교폭력 해결 방법이 잘못되었다고 지적한다. 그러나 복잡하고 어려워 보일수록 기본과 원칙에 충실해야 한다.

지도와 상담을 하는 교사에게 가장 필요한 능력은 바로 '공감 능력'이다. 지도와 상담의 성패는 바로 공감 능력에 달려 있다.

'뭐야? 또 사고 쳤어?'
'내가 그렇게 말했는데 말귀를 못 알아듣네.'
'저번에도 거짓말하더니 이번에도 또 거짓말하네.'
'저 애는 구제불능이야.'
'너무 힘들다. 빨리 시간만 가라.'

학생들이 문제를 일으켰을 때 교사가 위와 같이 생각한다면 어떤 지도와 상담을 하건 간에 실패할 확률이 높다. 아이의 입장에서 생각해보는 능력이 있는지 아닌지에 따라 교사의 자격이 판가름 난다고 해도 과언이 아니다.

'왜 저렇게 행동했을까?'
'왜 그랬을까?'

항상 이렇게 아이의 입장에서 문제의 원인을 생각해보고 접근해야만 제대로 된 해결책을 내릴 수 있다. 더불어 교사는 아이들에게 신뢰를 주어야 한다.

- 선생님은 공정하다.
- 선생님은 날 도와주신다.
- 선생님을 속이는 것은 손해이기 때문에 솔직해져야 한다.
- 선생님께 인정받으면 누구에게나 인정받을 수 있다.
- 선생님은 날 포기하지 않는다.

이러한 신뢰가 교사와 학생 간에 형성되어 있어야 한다. 교사는 전지전능하지 않다. 다만 학급에서 일어나는 일의 90퍼센트 이상을 해결할 수 있는 능력과 자질이 있다. 나머지 10퍼센트는 사회와 국가가 해결해야 할 구조적인 문제다.

Part 05

거침없이,
아이와 함께
영화 속으로!

지금까지 우리 교육계의 현실을 비롯해 영화라는 교재의 장점,

초등학교 아이들의 성향과

그에 따른 올바른 자녀 교육법을 살펴보았다.

이젠 본격적으로 아이와 함께 영화를 보고

두런두런 이야기를 나눠야 할 차례다.

어떤 영화를 봐야 하는지, 영화를 볼 때는 어떻게 하고,

보고 난 뒤에는 어떤 식으로 아이와 소통을 해야 하는지

자세히 알아보자.

아무 영화나 보여준다고
교육이 되는 것은 아니다

    2001년부터 아이들과 영화를 보기 시작한 나는 2006년에 영화교육을 좀 더 체계화해야겠다는 마음을 먹고 영화와 교육과정을 접목해나갔다. 그리고 영화교육의 궁극적 목표를 '아이들의 인성 발달'에 두었다(아이들의 성장과 발달에 인성이 얼마나 중요한지는 3장을 참고하라).

    이전에도 영화를 동기 유발이나 학습활동 자료로 삼은 사례는 종종 찾아볼 수 있었다. 그러나 영화를 보고 나서 어떻게 가르쳐야 하는지에 대한 연구가 별로 없어 인성 교육이나 논술·토론 수업을 위해 영화를 교육용 자료로 만든 사례는 극히 드물었다. 고등학교에서 영화를 논술 자료로 이용하는 일은 있지만 그런 자료들은 초등학생들이 쓰기에는 너무 어려웠다.

    영화로 수업을 하고 싶어도 교사가 영화에 대한 전문적인 지식이 없으면 시도하기 어려운 것 또한 사실이다. 영화 감상도 수업의 한 방법이라면 체계화된 지도 방법과 정선된 지도안이 있어야 좀 더 쉽게 수업에 활용할 수 있다는 생각으로 조금이라도 시간이 나면 영화교육을 체계화하는 작업에 몰두했다.

가장 먼저 한 일은 영화를 선별하는 작업이었다. 교사가 교육용 자료를 수업에 활용하려면 아이들의 발달 수준과 교육과정에 맞는지를 검토한다. 동시에 아이들의 흥미를 끌 수 있을지도 검토해야 한다. 영화도 마찬가지다. 아무리 좋은 명화라 해도 이 두 가지 조건에 맞지 않으면 아이들의 수업에 쓸 수 없다. 몇몇 단체에서 청소년에게 맞는 영화 목록을 내놓은 것을 본 적이 있지만, 아이들의 발달단계를 고려하지 않고 선정한 영화들이라 그다지 매력을 느낄 수가 없었다.

아무도 영화교육을 위한 좋은 영화를 선정한 적이 없어서 내가 스스로 해야만 했다. 학년별로 분류하기에는 무리가 있어서 '입문-초급-중급-고급'의 단계를 정했다(자세한 분류 기준과 방법은 부록에서 설명).

그렇게 1차로 선정한 영화들을 수업 시간에 보여줘 아이들의 반응을 살피고, 그중에서 반응이 좋은 영화들은 정식 수업용 영화로 선정했다. 이 과정에서 기존의 수업 모형을 영화교육에 활용해보기도 했다. 수업 모형 중 '가치 명료화 모형'과 '가치 갈등 모형'이 있다. '가치 명료화'란 아이들이 자신의 가치를 잘 인식할 수 있도록 도와주는 것인데, 영화가 지닌 여러 가지 가치 요인 중에서 필요한 가치 요인을 선택하고 확인하며 실행해보는 과정을 거치는 식으로 활용했다. '가치 갈등 모형'은 영화 속에 포함된 가치 중에서 갈등 요인이 되는 것들을 명료화해 아이들 스스로 선택하게 한 후 근거를 찾아보게 하면서 문제를 해결하거나 대안을 찾아보게 하는 식으로 활용했다. 이렇게 영화로 논술과 토론 수업을 진행한 결과는 한마디로 '대박'이었다.

내가 수업용 영화를 선정한 기준은 8가지다.

보편타당한 가치, 이해하기 쉬운 메시지를 담고 있어야 한다

수업으로 쓰는 영화는 학습 자료로서 보편타당한 가치를 지녀야만 한다. 즉 많은 사람들이 영화의 메시지에 공감할 수 있어야 한다. 그리고 인류애, 사랑, 우정, 희생, 열정, 봉사, 노력, 탐구, 희망 등의 이해하기 쉽고 긍정적인 메시지가 깔려 있어야 한다. 그래야 아이들이 논점을 정확하게 파악하도록 안내할 수 있다. 아무리 좋은 내용이라도 메시지가 복잡하거나 어려우면 내용을 이해하기조차 힘들뿐더러 아이들이 영화에 집중하지 못한다. 할리우드 영화가 여러 가지 면에서 비판받기는 하지만 이런 면에서는 긍정적이다.

발달심리학자 로렌스 콜버그(Lawrence Kohlberg)의 도덕성에 관한 연구 결과에 따르면 자신의 도덕성 수준과 비슷하거나 약간 높을 때 가장 많은 자극을 받는다고 한다. 메시지가 아무리 좋아도 아이들이 이해하기 어려우면 그 영화는 피해야 한다.

영화 전문가의 평점이나 비평은 무시해도 좋다

어떤 영화 사이트나 평론가도 아이들을 위한 평이나 평점을 내리진 않는다. 그래서 영화 전문가의 평이나 평점은 좋은 참고 자료이긴 해도 절대적인 기준이 될 수는 없다.

일단 아이들의 흥미를 끌 수 있는 영화라야 한다. 물론 이미 영화교육으로 훈련된 아이라면 생각할 거리가 많은 영화도 소화할 수 있겠지만, 그렇지 않다면 '영화 감상 = 즐거운 일'이라는 생각을 심어줄 수 있는 영화가 좋다.

중견 배우나 명감독의 영화에 주목하라

할리우드 영화는 흥행을 최우선 목표로 한다. 따라서 폭력과 선정성이 양념처럼 쓰인다. 그러나 비중 있는 중견 배우가 출연했거나 명감독이 만든 영화는 그들의 명성 자체가 어느 정도 흥행을 보장하기 때문에 그들의 연기 철학이나 수준 높은 연출 의도가 영화에 녹아드는 경우가 많다. 그리고 인생 경험이 풍부한 중년 이상의 배우들은 대체로 연기력이 뛰어나므로 몰입도도 높다.

반면, 젊은 감독이 연출한 영화는 파격적인 연출로 인해 메시지가 왜곡될 가능성이 커 영화교육에 사용하기에는 부담스럽다.

애니메이션도 훌륭한 수업 교재가 될 수 있다

만화영화, 즉 애니메이션은 유치하다고 생각하는 어른들이 많다. 그러나 애니메이션은 아이들의 주목을 끌기 좋은 장점이 있다. 그리고 메시지도 비교적 간결해서 저학년도 쉽게 볼 수 있다.

아이가 고학년이라면 약간 철학적인 내용의 애니메이션을 이용하는 것도 좋다. 특히 어린이들은 자막을 보는 훈련이 필요한데 그런 훈련을 하는 데 애니메이션이 많은 도움을 준다.

영상미를 지나치게 강조한 영화는 피하는 것이 좋다

영화 감독은 여러 가지 면에서 요리사와 비슷하다. 요리사가 음식을 보기 좋게 만들기 위해 색깔과 장식 등에 많은 신경을 쓰듯 영화 감독 역시 이야기를 더욱 돋보이게 하기 위해 영상, 미술, 음향, 조명 등에 많은 신경을 쓴다.

하지만 요리의 기본은 맛이듯 영화의 기본은 이야기 구조다. 제아무리 아름다운 영상도 2시간 내내 보고 있으면 지루하다. 특정한 의도가 있다고 해도 영상미를 지나치게 강조한 영화들은 아이들의 흥미를 끌기가 힘드니 피하는 것이 좋다.

영화 소개 프로그램을 적극 이용하라

지상파 방송이나 케이블 방송에서 하는 영화 소개 프로그램은 짧은 시간 동안 많은 영화를 다양하게 접해볼 수 있는 영화의 요약판이다. 이런 프로그램에서 유용한 정보를 많이 접할 수 있다. 특히 이슈가 되고 있는 영화를 집중 분석하는 코너를 통해 영화를 좀 더 쉽고 재미있게 파악할 수 있는 장점이 있다.

아이의 시선으로 영화를 판단하자

영화를 볼 대상이 아이들이라는 점을 잊지 말아야 한다. 너무 폭력적이거나 사회의 어두운 면을 그린 영화, 동성애를 다룬 영화 등은 아이들이 접하기에는 무리가 있다.

많이 보면 영화 선별 능력도 좋아진다

예전에 사진을 잘 찍는 선배에게 사진을 잘 찍는 비법이 있느냐고 물었더니 "일단 많이 찍고 그중에서 좋은 것 몇 개를 추려내면 된다"고 했다. 그때는 '참 무식한 방법이네' 하고 생각했다. 그렇지만 지금은 나 역시 그것이 가장 현명한 방법이라고 생각한다. 영화는 좋은 문화적 유희다. 영화에 흥미를 가지고 많이 보는 것이 좋은 영화교육 자료를 찾는 지름길이다.

요즘은 영화를 접하기가 쉽다. 멀티플렉스 영화관, 포털사이트의 굿 다운로드 서비스, 24시간 영화 채널, 스마트폰 등을 통해 관심만 있다면 좋은 영화를 언제 어디서나 간편하게 볼 수 있다.

미국의 상영 등급 vs. 한국의 영상물 분류 체계

모처럼 아이들과 함께 극장에 가거나 DVD 등으로 영화를 보려고 하면 은근히 영화 선택에 신경이 쓰인다. 이때 가장 먼저 참고하는 것이 상영 등급이다. 미국의 상영 등급과 우리나라의 상영 등급은 약간의 차이가 있다. 그 차이를 통해 등급을 어떻게 활용할지 알아보자.

■ 미국의 상영 등급

미국의 등급 기준은 엄격하면서도 융통성이 있다. 지극히 폭력적이거나 선정적인 영화는 통제하되 부모나 보호자의 지도하에 관람하는 것을 허용하기도 한다.

- **G**(General Audiences) : 연소자 관람가 등급으로, 연령 제한이 없다는 뜻이다.
- **PG**(Parental Guidance Suggested) : 연령 제한은 없으나 부모나 보호자의 지도가 필요한 등급이다. 일부 소재가 어린이에게 부적합할 수 있다는 경고가 붙어 있기도 하다.
- **PG-13**(Parental Guidance-13) : 보호자의 엄격한 지도가 필요한 등급. PG에 속하는 영화이기는 하나 특히 13세 이하 어린이에게 엄격한 주의와 지도가 필요한 영화라는 뜻이다. 반대로 해석하면, 지도만 잘할 수 있다면 봐도 된다.
- **R**(Restricted) : 제한 조건부 허가 등급. 17세 이하는 부모나 성인 보호자를 동반해야 관람할 수 있다.
- **NC-17**(No Children-17) : 지나친 선전성이나 폭력적 장면이 많은 영화로, 17세 이하 미성년자 관람 불가

■ 한국의 영상물 분류 체계

미국의 등급 체계에 비해 우리나라의 등급 기준은 뭔가 좀 아쉽다. 부모나 교사가 선택하여 보여줄 수 있는 융통성이 부족하다. 그렇다면 등급을 산정하는 기준은 무엇일까? 폭력이나 에로틱한 장면의 횟수, 노출 빈도, 강도 등을 종합적으로 고려한 것이다. 즉 감독이 전하고자 하는 메시지가 교육적인지는 등급 산정에 별다른 영향을 못 미친다. 그래서 좋은 영화를 고르는 교사와 부모의 안목이 필요한 것이다.

- **전체 관람가** : 미국의 G등급에 해당한다.
- **12세 관람가** : 12세 이상 관람 가능한 등급으로, 미국의 PG등급에 해당한다.
- **15세 관람가** : 15세 이상 관람 가능한 등급으로 다소 어중간한 등급이다. 미국의 PG-13등급과 비슷하다.
- **18세 관람가 혹은 청소년 관람 불가** : 18세 이상 관람 가능한 등급이다. 미국의 R등급과 NC-17등급 사이에 해당한다.
- **제한 상영가** : 엄격히 제한된 극장에서 상영 가능한 영화 등급이다. 미국의 NC-17등급과 유사하지만 훨씬 엄격하다.

나는 한 편의 영화를 전체적으로 조망했을 때 그 영화가 전달하는 메시지가 긍정적이고 발전적이라면 설령 아이가 볼 수 없는 등급의 영화라 하더라도 아이들과 함께 봐도 무방하다고 생각한다. 물론 합당한 부연 설명과 내용 파악을 위한 사전 안내를 해주고 관람 후에는 인상 깊은 장면에 대한 이야기를 나누는 등 활동이 있어야 한다.

아이와 영화를 함께 볼 때
어른이 꼭 해야 할 일

단순히 영화를 보여주는 것으로 부모 혹은 교사의 역할이 끝나는 것은 아니다. 영화의 교육적 효과를 보기 위해서는 영화를 보기 전이나 보는 동안에 다음의 수칙을 지켜야 한다.

아이의 시선을 끌 만한 것들은 미리 정리하자

아이가 한눈팔 만한 물건이 있다면 영화 보기 전에 제거해주는 것이 좋다. 예를 들어 거실에서 텔레비전으로 영화를 본다면 텔레비전 주변을 말끔히 정리하는 것이다. 장식품이나 아이들이 좋아하는 책이 있다면 영화 볼 때만큼은 정리를 한다. 아예 영화 보기 전에 정리 정돈하는 것을 규칙이

나 놀이로 정하는 것도 방법이다.

커튼 등을 이용해서 빛을 차단해주는 것도 좋다. 영화관처럼 어둡게 할 필요는 없지만 분위기가 차분해지도록 유도하는 것이다. 음식을 먹으면서 영화를 보는 것은 생각보다 시선을 많이 **빼앗기게** 되므로 좋은 습관이 아니다.

쉽고 재미있는 영화로 흥미를 일으킨다

처음에는 쉬운 영화, 웃기는 영화, 재미있는 영화를 많이 보여주는 것이 좋다. 그런 점에서 미국의 대표적인 코미디 배우인 로빈 윌리엄스나 짐 캐리가 나오는 〈잭〉, 〈미세스 다웃파이어〉, 〈트루먼 쇼〉 등이 좋다. 〈슈렉〉 정도의 만화영화도 적극 권장한다.

영화 감상 연습을 목적으로 만화영화를 본다면 월트디즈니의 만화영화가 많은 도움이 된다. 명작의 스토리를 만화로 재현했기 때문에 아이들이 스토리를 이해해야 하는 부담 없이 볼 수 있다.

아이 혼자 영화를 보게 하지 마라

영화를 아이 혼자 보게 하는 건 좋지 않다. 설령 아이가 혼자 영화를 잘 본다고 할지라도 적절한 자극을 주지 않으면 교육적 가치가 없다. 특히 영화 감상 교육에서는 영화를 통해 아이와 부모(혹은 교사)가 친밀감을 느끼는 것이 중요하다. 아이가 어떤 장면에 관심을 보이는지, 어느 장면에서 놀라는지, 어디서 지루해하는지를 관찰해야 한다.

영화를 볼 때 편안한 자세로 서로 체온을 느껴가면서 본다면 더욱더 좋다. 부모는 이미 봤다는 핑계로 아이 혼자 보게 한다면 아이 역시 영화에 몰두하지 않아 영화의 주제와 내용을 파악하는 데 어려움을 겪게 된다.

아이의 표정과 반응을 주의 깊게 관찰하면서 같이 보자. 그러면 아이는 부모와 함께한다는 안정감도 느끼고 좀 더 편안한 감정으로 영화를 즐기게 된다.

아이가 힘들어하면 쉬어가면서 본다

아이가 영화를 처음부터 끝까지 한꺼번에 보기 힘들어하면 쉬는 시간을 두어가며 본다. 어른이라면 끝까지 볼 수 있지만 초등학교 고학년도 중간에 지루해하는 경우가 있다. 대신 선택권은 아이에게 주어라.

"○○아, 좀 쉬었다 볼까?"

그러나 쉰다고 해서 다음 날로 넘겨서는 안 된다. 영화를 보면서 느끼는 감정을 이어갈 수 없기 때문이다. 그러니 잠시 스트레칭을 하거나 화장실에 다녀오는 정도로 휴식 시간을 갖고, 엔딩 크레딧이 올라올 때까지 보자.

자막을 놓쳤을 때는 줄거리를 이야기해준다

영화를 보는 데 필요한 아주 기본적인 능력이지만 어른들이 간과하는 것이 '자막 읽기'다. 화면이나 자막 중 하나를 놓쳤을 때는 장면의 앞뒤를 연결하면서 봐야 하는데 아이들에게는 결코 쉬운 일이 아니다. 예를 들어 아이가 잠시 한눈을 팔거나 딴짓을 했을 뿐인데 영화 내용을 전혀 이해할 수 없는 경우도 있다. 그러면 아이가 장난을 치거나 돌아다니게 된다. 아이가 영화에 집중하지 않는 이유가 자막 읽기에 서툴러 스토리를 놓쳤기 때문일 수도 있으니 그럴 때는 영화를 멈추고 줄거리를 이야기해주어야 한다.

영화에 담긴 메시지가 아주 좋아서 아이들에게 보여주다 보면 가끔씩 실망할 때가 생긴다. 멋진 액션 장면이나 코믹한 상황에서는 집중을 잘하다가 정말 중요한 장면이나 감동적인 장면에서는 딴짓을 할 때가 있기 때문이다. 이때 잘 지도해야 영화교육이 효과를 거둘 수 있다. 그러려면 일단 감동받아야 할 장면에서 아이들이 감동받지 못하는 이유를 알고 아이의 수준에 맞게 맥락을 설명해주어야 한다.

1회성이 아닌 정기적 행사가 되게 하자

아이와 함께 영화를 한 편 보고 나서 아이의 속마음을 전부 읽을 수 있으리라 기대하는 것은 과학관 한번 가고 나서 아이가 과학자가 되기를 바라는 것과 같다. 한 편의 영화가 인생을 바꿀 수도 있지만 그건 기적에 가깝다. 책을 읽는 것도 습관을 들여야 꾸준히 읽을 수 있듯이 영화도 즐기는 습관을 들이도록 유도하는 것이 중요하다. 드라마, 액션, 코미디, 애니메이션, 판타지, 모험 등 다양한 장르의 영화를 골고루 볼 수 있도록 한다면 더욱더 좋다.

처음에는 부모가 영화를 골라주고, 아이가 영화 보기를 즐긴다고 판단되면 스스로 고르도록 유도한다. 부록에 소개한 '중급용 영화'를 소화하는 아이라면 스스로 영화를 골라도 무리 없이 감상할 수 있다.

더빙판과 자막판,
어느 것이 좋을까?

외국 영화를 볼 때 자막판을 선택할 것인가, 아니면 더빙판(우리말)을 선택할 것인가에 대한 고민을 한 번씩은 한다. 더빙판을 하자니 원작의 느낌을 생생히 전달받을 수 없고, 자막판을 선택하자니 아이가 자막을 따라 읽다가 중요한 메시지나 장면을 놓칠까 우려되기 때문이다.

디즈니 애니메이션의 경우 일본이나 여타 다른 나라의 경우와 달리 매우 정교하다. 초당 프레임(1초 동안 들어가는 그림의 수)이 많기 때문인지는 몰라도 영상이 아주 부드럽고 입 모양이나 표정이 다양하다. 배우들이 대사를 먼저 녹음하고 그것에 맞춰 작화를 하기 때문에 화면 속 캐릭터들의 입 모양은 실제 배우가 말하는 것처럼 실감난다. 이 느낌을 고스란히 전달하고 싶지만, 영화를 처음 접하는 아이들에게 자막판을 보여주면 자막을 놓치기 일쑤거나 화면만 보고 넘어가 줄거리 파악도 쉽지 않다.

우리말 더빙판은 우리나라의 유명한 배우들이나 연기력이 뛰어난 성우들이 목소리연기를 하지만 어딘가 어색하다. 어린이의 눈높이에 맞춘다고 배우들이 너무 코맹맹이 소리를 내거나, 대중들이 인식하는 자기의 개성을 살려 더빙하는 바람에 원작의 느낌을 훼손하는 경우가 많다. 배경음악도 우리말로 재녹음한 경우가 많은데, 어색하긴 마찬가지다. 엘튼 존이 작곡해 세계적인 명성을 얻은 〈라이온 킹〉의 OST(오리지널 사운드 트랙)도 더빙하는 바람에 유치한 노래로 변해버린 것이 사실이다.

여러 모로 자막판을 추천하고 싶지만, 초등 저학년들은 더빙판을 선택해야 한다. 그래야 그나마 아이들이 내용을 파악할 수 있다. 저학년은 집중 시간이 짧기 때문에 내용 파악이 되지 않으면 아예 보지를 않는다. 고학년 아이들에게는 자막 읽는 방법을 익히게 한 뒤에 자막판을 보여주는 것이 좋다.

자막 읽기를 도와주는 방법

이 방법은 내가 교실에서 영화 수업 시간에 쓰는 방법이다. 자막이 짧은 애니메이션으로 적게는 2~3편, 많게는 4~6편까지 연습하면 그 뒤로는 혼자 자막을 읽는 데 무리가 없을 것이다. 자막 연습을 하기 싫어하는 아이에겐 "자막 읽는 연습이 끝나야 더 재미있는 영화를 볼 수 있다"고 반드시 알려줘야 한다.

■ 스토리를 아주 자세하게 이야기해준다
어른들은 싫어하지만 아이들에게는 반드시 해주어야 하는 일이다. 네이버·다음 등의 포털사이트에서 영화 정보를 검색하거나 내가 운영하는 인터넷 카페 '초등영화교실'을 활용하면 쉽고 자세한 스토리를 알 수 있다.

■ 중간중간 함정을 파둔다

여기서의 '함정'은 영화를 보면서 중요한 무언가를 찾아보게 하는 방법이다. 화재 현장에서 헌신적인 동료애를 보여주는 〈분노의 역류 : 1991〉를 보면 "You Go We Go"라는 유명한 대사가 나온다. "네가 가면 우리도 간다"라고 해석되는데, 영화를 본 아이들은 이 대사에 전율한다. 그러니 영화를 보기 전에 미리 "You Go We Go"가 무슨 뜻인지 생각해보게 하면 아이들은 영화에 보다 더 집중하게 된다.

"그때 무슨 일이 벌어질지 한번 살펴봐. 정말 놀라운 일이 벌어진단다."

"그 장면에서 선생님은 많은 감동을 받았단다."

이렇게 약간의 과장 섞인 설명을 해주면 아이들이 그 장면이 나올 때까지 뚫어져라 화면을 본다.

■ 이미 내용을 알고 있는 애니메이션을 보여준다

제일 좋은 방법은 더빙판을 보고 같은 영화의 자막판을 보는 것인데, 이럴 경우 재미없어 하는 경우가 생기므로 아이들이 이미 이야기를 알고 있는 애니메이션을 이용해 자막 읽기 훈련을 하는 것이 좋다.

《백설공주》, 《신데렐라》, 《타잔》 등의 동화는 애니메이션으로 많이 나와 있다. 특히 DVD는 자막판과 더빙판을 선택할 수 있으므로 매우 훌륭한 교재가 된다. 월트디즈니 애니메이션은 원작과 다르게 각색하는 경우가 많으니 아이가 이해할 수 있도록 설명해주는 것은 필수다.

아이가 영화 줄거리를
파악하도록 이끄는 방법

　줄거리를 파악하는 것이 영화 감상의 최종 목표는 아니지만, 아이가 평소 책을 잘 읽지 않아 영화교육을 하게 됐다면 줄거리를 파악하는 것을 도와줘야 한다. 이 책에서 교육용으로 소개하는 영화들은 아이들 수준에 맞춰 선택한 것들이라 줄거리를 파악하는 것이 수월하지만 일부 아이들에게는 어려울 수도 있다.

　특히 주의가 산만한 아이들은 영화의 줄거리보다는 볼거리에 한눈을 파는 경향이 있어 오히려 책을 읽는 것보다 더 어려워한다. 이럴 경우에는 줄거리를 중간중간 되새겨주고, 영화를 다 본 뒤에는 핵심 내용을 중심으로 줄거리를 머릿속으로 연상하면서 말이나 글로 표현하게 한다.

　줄거리를 파악할 때는 영화의 내용이 사건 중심인지, 인물 중심인지에 따라 방법을 달리 하는 것이 좋다.

사건 중심으로 줄거리 파악하기

사건이 중심이 되는 영화라면 사건 중심으로 줄거리를 구조화한다. 하나의 사건은 '발단 – 전개 – 위기 – 절정 – 결말'의 구조를 가지고 있다. 영화도 마찬가지다. 책을 많이 읽은 아이들은 자연스럽게 이 구조에 따라 이야기를 풀어가지만, 그러지 못하는 아이에게는 머릿속에 머물러 있는 장면을 끄집어낼 수 있도록 자극을 주는 것이 좋다. 영화가 끝난 뒤에 간단히 느낌을 물어보면서 시작하는 것도 좋은 방법이다.

■ 발단(사건의 시작) 파악하기

"오늘 본 영화가 무슨 내용이었어?"라고 물어보면 너무 포괄적인 질문이라 쉽게 대답하지 못한다. 그러니 "맨 처음에 어떻게 시작했지?"라고 시작 장면을 환기시켜주는 것이 좋다. 영화가 시작되는 첫 장면은 매우 강렬하기 때문에 사건의 발단을 끄집어낼 수 있다.

■ 전개(사건의 진행) 파악하기

전개 부분을 제대로 이야기하지 못하는 아이들은 두 가지 유형으로 분류할 수 있다. 너무 장황하게 이야기하거나 앞뒤 구분 없이 뒤죽박죽으로 이야기한다. 그러니 전개 과정을 이야기할 때는 사건 중심으로 간략하게 이야기하도록 유도한다.

아이가 횡설수설할 때는 간섭하는 것보다 아이가 자유롭게 이야기하도록 지켜보는 것이 좋다. 어쨌든 아이가 말을 하지 않는 것보다는 낫다. 그리고 중요한 사건의 핵심을 찾았는지 넌지시 물어보면서 사건의 전개 과정을 정리할 수 있게 한다.

사건 해결의 실마리가 되는 복선이 있을 수도 있다. 영화에서 복선은 장면 혹은 대사로 처리할 때가 많으니 함께 복선 찾기 놀이를 하는 것도 무척 재미있다.

■ **위기(계속되는 긴장감) 파악하기**

먼저 위기부터 이야기하는 아이들이 있을 만큼 잔상이 크게 남는 부분이다. 자연스러운 현상이긴 하지만 자주 그러면 발단부터 시작하도록 유도한다. 영화를 재미있게 봤다면 아마 신나서 이야기할 것이다.

위기 부분은 잘 찾았는데 흥미를 못 느끼는 아이는 전개 과정에서 줄거리를 놓쳐버렸을 가능성이 높다. 이런 경우에는 영화를 다시 돌려보지 말고 중간의 전개 과정을 압축해서 이야기해주는 것이 좋다.

■ **절정(최고조의 긴장감) 공감하기**

아이들이 가장 즐거워하거나 눈물을 훔치는 단계라 쉽게 기억한다. 영화교육을 하면서 가장 보람을 느끼는 순간이지만, 이때는 별다른 지도 없이 아이들과 같은 시선을 유지하면서 봐주면 된다. 같은 공간에서 함께 공감하는 것만으로도 교육적 효과가 충분하다.

■ **결말(긴장감의 해소) 파악하기**

영화를 보면서 절정에 달했던 긴장감이 해소되고 다시 평상심으로 돌아오는 순간이다. 이때 감정의 여운이 가시지 않은 상태에서는 섣불리 말을 걸지 말고 아이의 감정이 충분히 전환될 때까지 기다리는 것이 좋다. 엔딩 크레딧이 올라가면 영화가 끝나는데, 불을 켜거나 영화를 끄는 일은 아이에게 맡기자. 결말을 파악하는 일은 어렵지 않으니 아이가 편하게 감상을 이야기하도록 들어주면 된다.

인물 중심으로 줄거리 파악하기

주인공이 중심이 되는 영화는 인물 중심으로 줄거리를 파악하는 것이 좋다. 인물 중심으로 전개되는 영화를 볼 때는 '아이가 주인공의 감정에 이끌리는지'를 가장 관심 있게 살펴봐야 한다. 또한 인물 중심으로 볼 때 줄거리를 파악하려고 힘쓰면 주인공의 감정선을 놓칠 수 있으니 너무 줄거리에 연연하지 않는 것이 좋다. 특히 아이가 위기나 절정 단계에서 주인공에 대해 어떤 감정을 느꼈는지를 알아보는 것이 좋다.

■ 감정에 동의

"올리버 트위스트가 참 불쌍한 것 같아요."

"엄마도 그렇게 느꼈어."

"맞죠? 그렇죠?"

이렇게 아이가 느낀 감정에 공감해주면 아이의 자신감이 커진다. 대부분의 아이들이 긍정적인 이미지를 머릿속에 지니고 있지만 그것을 표현하면 타인에게 질책당할까 두려워하기도 한다. 감정을 공유하는 것은 그런 질책의 속박에서 벗어나 자유롭게 표현할 수 있는 밑바탕이 된다.

■ 감정 이입과 표출

"엄마도 너무 즐거웠(슬펐)단다. 무엇 때문에 웃음(눈물)이 나왔을까?"

아이가 먼저 자신의 감정을 드러낸다면 상관없지만 그렇지 않다면 부모가 먼저 감정을 드러내는 것이 좋다. 주인공 중심으로 영화를 보면 주인공의 시선과 관객의 시선이 일치하여 관객인 아이가 주인공의 감정을 느낀다. 그러니 주인공의 감정 상태를 어떻게 느꼈는지 표현하도록 도와주는 것이 좋다.

■ 감정 이입의 확대

"빌리의 아버지는 왜 아들이 발레하는 것을 싫어했을까?"

주인공의 감정을 느꼈으면 주인공과 가장 가까운 주변 인물들의 감정까지 느껴보게 하는 것이 좋다. 아이는 주인공에 대한 탐색과 감정 이입에 성공한 상태이므로 주변 인물들의 감정을 읽는 것도 어렵지 않다. 주변 인물이 많다면 부모와 나누어서 찾아보는 것도 재미있다.

영화 감상을
표현하도록 이끄는 방법

영화를 본 느낌을 표현하는 것은 영화 감상 교육에서 가장 중요한 부분이다. 영화 감상 후 느낌을 표현하는 것은 아이에게는 스스로 느끼고 깨우칠 기회를 주고, 부모나 교사에게는 아이의 감정을 읽을 기회를 준다.

표현 방식에 따라 감성적인 표현과 논리적인 표현으로 나뉘는데, 감성적으로 표현하는 것은 아이가 느낀 그대로를 자연스럽게 나타내도록 하는 것이다. 표현하는 것 자체에 큰 의미를 두기 때문에 사사건건 간섭하지 않는 것이 좋다.

논리적인 표현은 말 그대로 자신의 생각을 조목조목 정리하는 것이다. 논리를 위한 논리가 아니라 감정 이입을 바탕으로 자기 생각을 정리하는 것인데, 이때 느낌이나 생각을 올바로 표현할 수 있도록 부모나 교사가 도와주는 것이 좋다.

주제와 연관된 장면을 찾게 한다

영화를 보고 난 후 표현해야 할 대상을 정확히 알게 해야 한다. 특히 영화의 가장 주된 메시지, 즉 영화의 주제를 찾을 수 있어야 한다. 사전에 줄거리를 이야기해주거나 영화를 보면서 묻고 답하는 과정을 통해 미리 암시를 주면 도움이 된다.

이 활동이 꼭 필요한 이유가 있다. 하나의 영화 안에는 여러 가지 시퀀스(작은 이야기, sequence)들이 있다. 시퀀스들이 모여서 영화의 큰 줄거리를 이루고 주제를 관통한다. 그러나 시퀀스 하나하나가 독립된 구조로 되어 있어서 자칫하면 아이는 재미있다고 생각하는 시퀀스에 강한 자극을 받아 주제를 놓치기도 한다. 그래서 주제와 연관된 시퀀스가 무엇인지를 찾아내도록 도와주어야 한다.

자유로운 분위기를 만든다

영화를 보고 난 후에 자유로운 분위기에서 감상을 표현하게 한다. 아이가 침묵한다면 부모나 교사는 아이를 다그치고 있지는 않은지 반성해야 한다. 엉뚱한 내용을 말하더라도 지적하기보다는 화제를 전환하는 방법을 사용하고, 주제에 근접했을 때는 격려와 칭찬으로 유도한다.

'감상문은 자기 생각을 정리하기 위한 수단'이라고 알려준다

아이들이 책을 읽기 싫어하는 이유 중 하나가 독서 감상문을 쓰는 것이 부담되기 때문이다. 생각을 정리하지 못한 상태에서 무언가를 쓰고, 그것을 부모나 선생님이 읽는 것은 아이에게 큰 부담이다. 그렇다면 영화 감상문을 쓰게 하지 말아야 할까? 쓰긴 쓰되 그 목적을 분명히 해야 한다.

"토론 시간에 자기 생각을 분명하게 이야기할 수 있다면 감상문은 안 써도 된다."

감상문은 보여주기 위해 쓰는 것이 아니라 자신의 생각을 밝히는 데 도움을 주기 위해서 쓰는 것이라고 알려준다면 감상문을 쓰지 않는 아이는 거의 없다. 글을 쓰는 것만큼 자신의 생각을 정리하는 데 도움이 되는 것이 없다는 걸 아이들이 경험으로 알기 때문이다.

발표를 잘하기 위해서 감상문을 쓰다 보면 어느 순간 글솜씨가 늘어나는데, 아이가 그것을 느끼면 더욱 의욕적으로 감상문을 쓰게 될 것이다.

칭찬은 강하고 짧게, 질책은 유머러스하게

너무 과한 칭찬은 아이를 부담스럽게 하고, 너무 강한 질책은 아이를 위축시킨다. 그렇다고 칭찬도 질책도 하지 않으면 아이는 의지와 욕구를 느끼지 못한다.

나는 영화교육을 할 때 어떤 표현이든 허용하고, 다른 사람을 기분 나쁘게 하는 표현에 대해서만 제재를 가한다. 아이가 이야기한 것에 대한 칭찬으로 "○○는 그렇게 생각했네. 놀라운데"라고 시작하는 것도 괜찮다.

영화의 단계가 높아지면 아이의 느낌에 공감해주는 것이 좋다.

"주인공의 고통과 고민을 느꼈구나. 너도 마음이 아팠지?"

이 정도만 해도 충분한 보상이 된다.

그러나 아이가 장난치듯이 말하거나 두서 없이 말을 늘어놓는다면 제재가 필요한데, 여기서도 질책은 하되 감정이 상하지 않도록 해야 한다.

"좀 웃기긴 한데 자꾸 들으면 엄마가 냉동인간이 될 것 같다. 썰렁해서."

이 정도의 유머를 섞어가며 질책 아닌 질책으로 표현한다.

편지 쓰기와 그림 그리기로도 감상을 표현하게 한다

아이가 어려서 감상문 쓰기를 힘들어하면 편지를 쓰게 하거나 그림을 그려보도록 한다. 인물 중심의 영화를 봤다면 편지 쓰기가 적당하고, 사건 중심의 영화를 봤다면 그림 그리기가 좋다. 주인공에게 쓴 편지를 통해 아이의 심리 상태를 대략 파악할 수도 있다.

그림 그리기는 영화 보기를 처음으로 시작하는 아이들에게 많이 사용하는 방법이다. 편지 쓰기보다 더 쉽고 가볍게 접근할 수 있지만, 그림 그리기를 싫어하는 아이들에게는 고역이 될 수 있다. 이때는 잘 그리는 게 중요한 것이 아니므로 주인공의 얼굴이나 사진을 화면이나 인쇄물을 통해 보여주면서 보고 그리게 하는 것도 괜찮다.

'나라면~'이라고 감정을 이입하게끔 유도하라

아이들의 감상문이나 발표를 평가할 때 가장 중요하게 생각하는 것이 바로 '나라면~'이란 표현이다. 이것은 주인공이 처한 상황이나 주인공의 감정에 자신의 감정이 이입되었다는 증거다.

아이들은 자신의 감정을 어른들보다 비교적 잘 표현하지만 세련되게 표현하지는 못한다. 하지만 감정을 드러내는 것 자체가 중요하다. 이렇게 자신을 표현하다 보면 영화를 통해 감정이 순화되는 효과를 얻을 수 있다.

짚고 넘어가야 할
아이들의 대답

    영화를 함께 본 뒤, 아이와 대화를 나누다 보면 습관적으로 튀어나오는 아이들의 대답이 있다. 특히 다음의 네 가지 대답은 진심일 수도, 말하기 귀찮거나 곤란해서 나오는 반응일 수도 있지만 대화와 토론의 측면에서 보면 경계하고 지도해야 할 대답들이다.

    아이들의 언행은 곧 만들어질 인격의 골격을 이룬다. 아이들 스스로는 상처받고 실패하는 것에 대해서 무척 힘들어하면서도 남에게 상처를 주는 언행을 너무나 쉽게 한다. 특히 아이들이 영화논술이나 토론에서 이런 태도를 보이면 자신의 내면을 보이지 않으려는 것으로 판단해도 된다.

"몰라요"

정말 몰라서 대답하지 못할지라도 "몰라요"란 말은 쓰지 못하게 하는 것이 좋다. 대신 "아무리 생각해도 잘 모르겠습니다"로 대체하게 한다.

보통 "몰라요"란 대답은 더 이상 생각하기 싫다는 표현이다. 진짜 몰라서 모른다고 말하는 것이 아니라 교사의 질문이나 발문에 대답하기 싫은 상태다. 이럴 경우 주의를 한번 주고 생각할 시간을 준 후 반드시 같은 질문으로 다시 물어본다.

"그냥요"

이것은 "몰라요"보다 더 심각한 대답이며, 이 대답 뒤에는 '선생님 짜증나거든요? 저에게 관심을 끊으시지요?'가 숨어 있다.

그러니 아이가 별 의미 없이 "그냥요"라고 내뱉으면 그 말은 상대방, 특히 어른이 느끼기에 '무례하고 버릇 없는 아이'라는 생각을 하게 한다고 꼭 짚어 지적해줘야 한다. 그런 뒤에 "○○이가 '그냥요'라고 말하니 엄마가 좀 섭섭하구나"와 같이 부모의 감정이 자녀의 언행으로부터 상처받을 수 있다는 사실을 알려주는 것이 좋다.

"왜요?"

이건 좀 애매한 경우이긴 하지만 상황에 따라 적당하게 조절한다.

선생님이 한 질문을 정말 이해하지 못한 경우에는 "다시 한 번 더 설명해주세요", 정말 이해하기 어려운 경우에는 "못 알아들었어요. 쉽게 다시 말씀해주세요", "제가 이러이러한 이유로 이해하기 어려워요. 쉽게 말씀해주세요"로 대체해 말할 수 있도록 지도한다.

만일 듣는 사람이 확실하게 느낄 정도로 말투와 표정에서 묘한 뉘앙스가 느껴지거나 "왜요?"를 남발하는 경우가 있는데, 그 대답을 하는 심리 상태는 대략 이렇다.

'저 하기 싫은데요? 꼭 해야 해요?'

이는 자신의 의견을 말하면 다른 아이들의 반응 때문에 자신이 상처받지 않을까 하는 두려움에 숨고 싶은 것이다. 이런 아이들은 평소 생활습관 형성에도 문제가 있을 가능성이 높다. 이유를 설명해주어도 용기를 내지 않는다면 단호하게 다음과 같은 말로 아이의 반응을 무시하는 것도 하나의 방법이다.

"친구들의 재미있는 이야기를 듣다 보니 칭얼대는 너에게 관심을 가지기가 힘들구나. 어떻게 하지?"

"싫어요"

이 표현은 강한 거부감의 표시이자 교사에 대한 일종의 도전이다. 이런 표현을 하는 아이들은 자유롭게 표현하고 스스로의 자존감을 높여가는 논술, 토론의 과정으로 인해 자신의 기득권이 빼앗긴다고 생각한다.

평소에 공부를 잘하거나 글짓기·그림 등에서 나름의 성과를 얻어 자신감이 충만하고, 거기다가 과보호를 받아 안하무인의 성향이 있을 수도 있다. 이런 아이들은 그냥 넘어가서는 안 되고 논리적으로 따져 물어야 한다.

"왜 싫다고 해? 하기 싫다는 이유를 설명하고 선생님을 설득시켜봐."

충분히 할 수 있는 일을 싫다고 하는 것은 교사의 지시를 거부하는 행위라는 사실을 아이도 명백히 알고 있다. 아이가 정말 하기 싫어한다면 "이러저러한 이유로 제가 하기 힘들 것 같습니다"라고 말해야 한다고 유도하자.

학부모 초청 공개수업을 하면 교사만 긴장하는 것이 아니다. 아이들 역시 부모님이 지켜본다는 사실에 매우 긴장한다.

나는 영화교육을 시작하고부터는 아예 공개수업을 영화 토론 수업으로 진행한다. 부모와 자식이 허물없는 사이가 될 수 있는 기회를 만들겠다는 목표 아래 가족이나 형제에 대한 영화를 보고 토론하는 모습을 학부모들에게 보여주는 것이다.

교과에 맞는 주제와 지도안을 가지고 진행하지만 지도안은 지도안일 뿐 당일 수업은 어떻게 진행될지 나도 예측하지 못한다. 평소 아이들과 수업하는 모습을 보여주는 것이 낫겠다는 생각에 자유롭게 수업을 진행하기 때문이다.

우선 공개수업 초반에 아이들을 향해 이렇게 외친다.

"공개수업은 부모님께 용서를 구하는 자리다. 평소 말하지 못했던 그간의 잘못을 부모님께 공개적으로 용서를 구한다면 다 들어주실 거다."

그런 뒤에 부모님들을 향해 묻는다.

"뒤에 계시는 부모님들, 그렇게 해주실 거죠?"

부모님들은 웃으시고, 나는 뭔가 화기애애한 분위기가 연출될 거라 기대를 하게 된다.

한번은 엄마와 딸의 갈등을 코믹하게 그려낸 영화 〈프리키 프라이데이〉를 보고 토론을 하는데, 처음부터 부모들을 향한 아이들의 고백이 이어졌다.

"평소 부모님 말씀을 잘 안 들어서 죄송해요."

"동생이랑 많이 싸워서 죄송해요."

어라? 이렇게 도덕책스러운 얘기들을 말할 녀석들이 아닌데⋯. 아이들은 그날따라 깜찍한 가증스러움(?)을 보여주었다. 그래서 내가 한마디 했다.

"그런 평범한 것들 말고, 좀 더 센 걸로 용서를 구해야지!"

잠시 침묵이 흘렀고, 눈치를 보던 아이들이 평소의 모습으로 되돌아와 하나씩 폭탄 발언을 하기 시작했다.

"엄마! 저번에 도자기 깬 거 사실은 제가 그랬어요. 용서해주세요."

"엄마! 초인종 누르고 도망가는 아이들이 있다고 아파트 방송에 나왔죠? 그게 저예요."

"저번 달에 엄마, 아빠 싸우시고 엄마 집 나간 이야기를 수업시간에 사례로 발표하고 칭찬 들었어요. 이런 거 써먹어서 죄송해요."

"엄마! 책꽂이 둘째 단에 있는 책에 아빠 비상금이 있어요. 제가 몰래 한 장씩 꺼내다 썼어요. 아빠, 용서해주세요."

아이들의 공개적인 고백에 학부모님들은 자지러졌다. 아이들은 종소리에도 아랑곳하지 않고 계속 하자고 난리를 부렸다.

봉숭아학당 같은 공개수업이 끝난 후 학부모님들은 난감한 표정 일색이었지만, 이 말만은 잊지 않으셨다.

"선생님, 너무 고생하셨습니다."

겉으론 "아닙니다"라고 말했지만, 속으로 나는 이렇게 말하고 있었다.

'사실, 아이들의 고백이 반도 안 나왔어요.'

부록

지도 사례 &
난이도별
영화 목록 53편

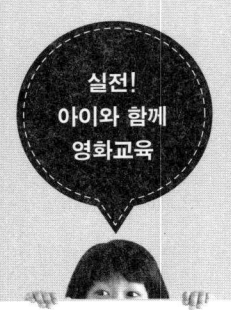

프리 윌리(Free Willy, 1993)

영화를 보기 전 사전 정보 알기

1993년 워너브라더스에서 제작해서 우리나라에는 1994년 8월에 개봉한 영화 〈프리 윌리〉는 인간과 동물의 우정과 모험을 다룬 수작이다.

당시 헐리우드에는 가족영화가 전성기를 구가하고 있었다.

90년대 초반에는 헐리우드에도 블록버스터란 개념이 생겨서 승자 독식주의에 가까운 영화들이 메이저 영화사들을 압박하게 되었다. 비교적 위험성이 적은 가족영화는 1차 판권 못지않게 텔레비전이나 비디오 등의 2차 판권 시장으로도 충분히 제작비를 상쇄할 수 있었기 때문에 당시에 나온 영화들 중에는 초등생들에게 적합한 영화들이 많았다.

〈프리 윌리〉는 당시 미국에서는 유명인이 등장하지 않았음에도 흥행을 한 몇 안 되는 작품 중 하나였지만, 국내에서는 큰 흥행을 거두지는 못했다. 하지만 텔레비전, 비디오 시장에서는 인지도가 있었던 작품으로 기성세대들과 아이들을 연결시켜주는 역할을 한 좋은 작품이다.

〈프리 윌리〉의 주인공인 범고래 윌리의 이야기는 아이들에게 '우정이란 무엇인지'에 대한 강한 인상을 남겨주었다.

영화를 보며

■ 영화 초반

제시가 어머니로부터 버림받고 거리에서 방황하는 장면이 나온다. 만일 아이가 초반에 영화에 집중하지 못하고 산만하게 행동하면 잠시 영화 보기를 멈추고 제시의 이야기로 주의를 환기시켜주는 것이 좋다.

나의 경우, 제시가 그린우드와 애니 부부에게 입양되는 장면을 생각하며 아이들과 이야기를 나누었다.

교사 : 부모님 때문에 속상한 경험이 있니?

아이 : 엄마는 만날 공부만 하라고 해요. 놀고 싶은데 놀지 못하게 해서 속상해요.

교사 : 선생님이 보기에 그린우드와 애니 부부는 참 착한 사람들인 것 같던데, 왜 제시는 마음을 열지 않았을까?

아이 : 또 버림받을까봐 두려웠겠죠. …… 우리 집에 유기견을 데려온 적이 있는데 한참 동안 돌봐줘도 강아지가 무서워했던 기억이 있어요.

교사 : 그럼 너희들은 최소한 어머니로부터 버림받은 제시보다는 낫겠지?

아이 : 뭐, 그럴 수도 있긴 하겠죠.

교사 : 그런데 말이다. 그린우드 아저씨는 제시에게 꽤 잘해주던데 제시가 좀 너무한 거 아닌가?

아이 : 아마 마음속으론 그린우드 아저씨를 미워하진 않을 거예요. 그린우드 아저씨가 자꾸 제시에게 아들이라고 하니까 싫어한 것 아닐까요?

교사 : 그럼 너 같으면 어떻게 했을 건데?

아이 : 저야 잘하죠.

교사 : 아이쿠, 정말이냐? 지금 그 마음으로 부모님께 잘해드리면 네가 하고 싶은 걸 할 수 있게 허락해주실지도 모르겠다.

■ 30분 경과

제시와 고래 윌리와의 만남과 인연이 본격적으로 이어진다.

여기까지 무리없이 감상하는 아이들은 영화가 끝날 때까지 집중력을 유지할 가능성이 높으므로 교사나 부모도 편안히 함께 감상하면 된다.

제시와 고래 윌리가 친해지게 되는 과정을 살펴보는 것은 이 영화의 핵심 중 하나이다.

교사 : 둘 사이가 친해지게 된 건 어떤 이유일까?

아이 1 : 원래 친했던 거 아니에요?

아이 2 : 제시가 물에 빠졌을 때 구해줬잖아요.

아이 3 : 제시가 수족관 안에서 그물에 걸려있는 윌리를 풀어줬어요.

아이들의 대답을 살펴보면, 아이 1은 제시와 고래 윌리가 친해진 계기를 놓치고 있다. 하지만 지적할 필요는 없다. 눈여겨 볼 아이는 아무 표현도 하지 않는 아이이다.

제시와 고래 윌리가 친해지는 과정은 논리적으로 설명되지 않는다. 제시와 윌리가 혼자라는 둘만의 공통점이 있긴 하지만, 그 사실을 알아차리지는 못해도 아이들은 친구를 사귀어가는 과정과 매우 흡사하게 받아들인다.

■ 42분 경과

잔잔한 음악과 함께 둘 사이의 스킨십은 매우 감동스럽다. 이 부분에서는 거의 모든 아이들이 몰입하고 보는데 그렇지 못한 아이가 있다면 눈여겨 봐두어야 한다. 평소 교우관계에서 뭔가 문제가 있을 확률이 높기 때문이다. 그러니 이런 아이에게는 영화가 끝난 후라도 반드시 왜 몰입하지 못했는지를 물어봐야 한다.

교사 : 그 장면에서 왜 몰입하지 못했을까?
아이 : 영화가 재미없었어요.

이런 반응이 나온다면 자신의 속마음을 속이고 있을 가능성이 있지만 가볍게 물어보는 것이 좋다.

교사 : 그래? 뭔가 불편했나보구나? 그게 뭔지 선생님한테 설명할 수 있겠니?

대답을 하지 않거나 불성실하게 대답하더라도 걱정할 필요는 없다. 하지만 그런 태도가 계속 반복된다면 그때는 따져 물어본다. 그러면 반드시 대답하게 되어 있다.

제시가 윌리와 친하게 지내는 장면이 계속되면서 음악이 보다 경쾌하고 발랄한 형태로 진행된다. 아이가 이러한 음악의 변화를 느낀다면 대단한 감수성을 가졌다고 봐야 한다. 확인하는 방법은 다음과 같다.

교사 : 제시와 윌리가 친해졌을 때 무얼 보고, 느끼고, 알게 되었니?

대부분의 아이들은 윌리에게 먹이 주는 장면이나 같이 노는 장면에 대해서 이야기한다. 하지만 이를 뛰어넘는 대답을 하면 매우 훌륭한 자질을 가지고 있는 것. 그렇다고 해서 일부러 그 이상의 대답을 유도해선 안 된다.

■ 56~60분경

제시와 그린우드 아저씨가 대화하는 장면이 나오는데, 이를 통해 영화에서는 자세히 묘사되지 않은 제시의 예전 모습을 유추해볼 수 있다. 즉 유독 제시가 그린우드 아저씨와 잘 지내지 못하는 것은 어릴 적 부모의 다툼에 크게 상처받은 경험의 영향임을 알 수 있다. 이때 아이의 반응을 잘 살펴보면 평소 가정에서 부모의 다툼을 아이가 어떻게 생각하고 느끼는지 알 수 있다.

부모가 다투는 것에 대해 아이들이 나쁘게만 생각하는 것은 아니다. 문제는 아이가 그것에 대해 표현하지 않는 것이다. 다행히 〈프리 윌리〉는 그 문제에 대한 답도 주고 있다.

그린우드 : 어른들은 가끔 싸우지만 꼭 누가 다치는 건 아냐. 린들리나
          너를 다치게 할 생각은 없어. 알아둬라.

제시 : 알아요.

그린우드 : 선물을 풀어봤구나.

제시 : 네, 고맙습니다.

그린우드 : 함께 나가서 야구공을 찾아보는 건 어떠냐?

제시 : 좋아요.

영화를 통해 어떻게 감정을 전달하고 순화시키는지의 적절한 예를 여기서 찾을 수 있다.

■ 68분 경과

제시와 윌리가 함께 쇼를 하는 장면부터 제시의 갈등은 어느 정도 회복이 되지만 영화의 본격적인 갈등은 이제부터 시작된다.

윌리가 쇼를 망치고, 그 원인이 아이들이 수족관 벽을 두드려 윌리가 엄청난 스트레스를 받았기 때문이라는 것을 알려주는 것은 교육적으로 매우 의미 있다.

교사 : 수족관 벽을 두드린 아이들은 왜 그랬을까?

아이 : 그저 재미로 그랬겠죠. 신기하잖아요.

교사 : 그래서 어떻게 되었어?

아이 : 쇼를 망치고 제시가 매우 실망했어요.

교사 : 그래도 제시는 주변 사람들로부터 위로라도 받을 수 있었지만
       윌리는 말도 못 하고 스트레스만 받았을 텐데…. 그건 생각 안

해봤니?

이처럼 잘잘못을 따지는 것이 아니라 윌리의 감정을 느껴보도록 하는 것만으로도 아무 의미 없이 재미 삼아 했던 행동이 남에게 피해를 줄 수 있음을 자연스럽게 알려줄 수 있다.

■ 80분 경과

영화의 후반부에서 반드시 짚고 넘어가야 할 부분은 바로 사장이 윌리를 죽이려고 하는 장면이다. 극의 갈등 구조상 왜 제시와 그의 가족들이 힘을 합쳐 윌리를 바다로 보내는 위험한 일을 해야 했는지에 대해 그 이유를 설명해줄 수 있기 때문이다.

아이들은 옳고 그른 것에 대한 구분은 잘하지만 옳은 일을 실행에 옮기는 것에 대해서는 주저하는 경우가 많다. 영화를 통해서라도 간접적으로 내가 어떤 선택을 해야 하고 그 선택은 반드시 실천에 옮겨야 의미가 있다는 사실도 느끼게 해야 한다.

교사 : 윌리를 죽이려고 했던 이유가 뭘까?
아이 : 보험금을 노린다고 했어요.
교사 : 윌리가 죽는 것과 보험금은 무슨 관계가 있지?

이때 아이가 설명하지 못하면 보험에 관해 약간의 설명을 해주면 된다. 위험에 대비해 작은 돈으로 큰 보상을 받을 수 있다는 내용 정도면 적당하다. 옳지 못한 것에 대해 아이들은 금방 판단하지만 전후 사정을 잘 살펴봐야 극단적인 선택도 피할 수 있다. 대신 어른들의 탐욕에 대해 지나치게 깊이 이야기하는 것은 교육적으로 별로 좋지 않으니 주의한다.

중고생 이상이라면 사회병리적 현상에 대해 논의하는 것도 의미가 있지만 이왕이면 밝고 긍정적인 것으로 힘을 얻을 수 있도록 해주는 것을 권한다.

■ 90분 경과 이후

〈프리 윌리〉에서 가장 강력한 메시지인 '진정한 우정은 무엇인가?'와 감동을 주는 장면이 연속으로 이어진다.

역설적으로, 제시와 윌리의 우정의 강도는 제시와 양아버지 그린우드의 대화에서 힌트를 찾을 수 있다. 바다로 돌려보내기로 한 일행은 그린우드의 허락도 받지 않고 그의 트럭으로 윌리를 옮기다가 진창길에 빠져 진퇴양난에 빠지는데, 급히 달려온 그린우드에게 제시는 아래와 같이 도움을 청한다.

제시 : (사장이) 고래를 죽이려고 해요. 그래서 바다로 돌려보내려구요. 아저씨 도와주세요. 도와주시면 뭐든지 할게요.

그린우드 : 내가 너에게 뭘 원하는데?

제시 : 뭘 원하는지는 몰라요. 하지만 전 윌리를 꼭 살려야 해요. 부탁이에요. 윌리가 죽어요.

제시의 표정에서 진정성이 묻어난다. 등장인물들의 표정과 느낌을 살펴보는 것도 매우 중요하다. 윌리의 탈출 과정은 긴장감이 넘치는 장면이긴 하지만 교사나 부모는 느긋하게 아이들이 느낄 감동을 즐기는 것이 좋다.

제시 : (윌리) 날 잊지 마, 나도 널 잊지 않을게. 널 사랑해. 넌 꼭 해낼 수 있을 거야. 자유를 찾아가. YOU CAN DO IT! 넌 할 수 있어, 난 널 믿어.

최고의 명장면이 바로 뒤에 펼쳐지고 그 유명한 주제가 'Will You Be There'가 흐른다.

우정에 대해서 지도하기

이 영화는, 진정한 우정은 친구를 존중하는 것이며, 친구에게 존중받기 위해서는 내가 먼저 친구를 존중해줘야 한다는 사실을 일깨워주는 최고의 영화다.

아이들은 우정에 대해서 말해보라고 하면 다양한 이야기를 하지만 핵심은 잘 알지 못한다. 우정의 핵심은 '서로가 존중하며 존중받는 존재임을 인정하는 것'에서부터 시작한다.

그러면 우정에 대해 잘못 생각하는 아이들은 어디에서 문제가 생길까?

바로 존중받는 것에는 익숙한데 존중하는 것에 대해서는 익숙하지 않은 데에 있다. 받는 것에 익숙한 아이들은 자기의 것을 나누어주는 데는 익숙하지 않기 때문이다.

이런 경향이 강한 아이들일수록 교우관계에 문제가 많을 가능성이 높다. 그런 아이들과 함께 이 영화를 볼 때는 제시가 윌리를 도운 것이 윌리를 위한 것만이 아니라 불우한 자신을 위해서라는 사실을 느끼게 해주어야 한다.

입문용 영화

입문용 영화는 영화를 처음 접하는 아이들을 위한 영화로, 영화 보는 즐거움을 알게 해주고 영화에 흥미롭게 접근할 기회를 제공한다. 그래서 애니메이션이 많다. 입문용 영화는 무엇보다 재미있어야 한다. 이 단계에서는 공부할 문제를 정하고 동기유발을 잘하는 것도 중요하지만 그것보다 영화를 흥미롭게 감상하고 특히 자막 읽는 연습을 하는 게 더 중요하다.

■ 입문용 영화의 선택 기준

• 재미있고 흥미를 끌 수 있는 영화
• 대사가 비교적 간단하여 이해하기 쉬운 영화
• 자막을 읽기 쉬운 영화
• 건전한 내용을 담고 있는 영화

라이온 킹 (The Lion King, 1994)

● 장르 / 국가 / 감독	애니메이션 / 미국 / 로저 알러스, 롭 민코프
● 상영시간	89분
● 등장인물	심바(주인공), 무파사(심바의 아버지), 스카(심바 삼촌), 날라, 품바(멧돼지), 티몬(미어캣)
● 공식 등급	한국 : 전체관람가 / 해외 : G
● 차 선생님 추천 등급	더빙판 : 5세 이상 / 자막판 : 10세 이상

● 감상 가이드

1994년 작품이지만 저학년부터 고학년까지 부담 없이 즐길 수 있는 영화다. 월트디즈니 장편 애니메이션으로, 창작 애니메이션이다. 전체적으로 권선징악의 내용을 다루고 있고 아이들이 이해하기 쉽고, 흥미와 재미 요소를 모두 갖추고 있다.

동물들을 의인화하여 아이들이 친숙하게 동물을 접할 수 있는 기회도 주는 이 영화는 아이들이 힘이 없고 지쳐 있을 때 용기를 줄 수 있는 유익한 영화다. 배신이나 음모보다는 아버지의 사랑, 역경의 극복에 무게를 두고 지도하는 것이 좋다.

⟨Can You Feel The Love Tonight⟩, ⟨Hakuna Matata⟩, ⟨Circle Of Life⟩ 등 엘튼 존이 작곡한 배경음악이 무려 3곡이나 아카데미 주제가상 후보에 오르기도 했다.

● 지도 가이드
어린 사자 심바가 새끼 사자에서 어른 사자로 성장하는 모습을 관찰하고 느낌을 말해본다.

아이언 자이언트 (The Iron Giant, 1999)

● 장르 / 국가 / 감독	애니메이션 / 미국 / 브래드 버드
● 상영시간	86분
● 등장인물	호거스(주인공 남자아이), 호거스 엄마, 거인 로봇, 멕코핀(호거스 친구), 켄트(정부 요원)
● 공식 등급	한국 : 전체관람가 / 해외 : G
● 차 선생님 추천 등급	더빙판 : 7세 이상 / 자막판 : 10세 이상

● 감상 가이드

개봉할 당시에는 주목을 못 받다가 DVD로 출시된 후 입소문이 퍼져 주목받은 영화다. 1999년 워너브라더스에서 제작하고 브래드 버드가 감독을 맡았는데, 버드는 훗날 픽사로 스카우트되어 ⟨인크레더블⟩과 ⟨라따뚜이⟩를 감독하였다.
일반적인 미국 애니메이션과는 달리 설정이 특이하다. 전통적으로 미국 애니메이션에서는 영웅에 초점을 맞추는 데 반해 이 작품에서는 거대 로봇에 더 큰 비중을 두고 이야기를 전개해나간다.
이 영화의 가장 큰 특징은 1957년 스푸트니크 충격으로 인한 미국 사회의 비이성적 행태를 통렬하게 비판하는 사회성 짙은 애니메이션이란 점이다. 그래서 이 영화는 입문용 영화로도 사용할 수 있고, 고급용 영화로도 사용할 수 있다.

● 지도 가이드
① 호거스와 로봇의 우정을 표현하는 그림을 그려본다.
② 재미있게 본 장면을 그림으로 그리고 설명해본다.

이웃집 토토로 (となりのトトロ: My Neighbor Totoro, 1988)

● 장르 / 국가 / 감독	애니메이션 / 일본 / 미야자키 하야오
● 상영시간	87분
● 등장인물	사츠키(언니), 메이(동생), 토토로
● 공식 등급	한국 : 전체관람가 / 해외 : G
● 차 선생님 추천 등급	더빙판 : 5세 이상 / 자막판 : 10세 이상

● 감상 가이드

<이웃집 토토로>는 아이들이 매우 좋아하는 영화다. 미야자키 하야오의 작품은 하나같이 아이들의 마음을 들뜨게 하는 무언가가 있지만 이 영화만큼 동심에 딱 맞는 영화도 드물다. 아이들은 토토로가 고양이처럼 생긴 버스와 팽이를 타고 하늘을 나는 장면을 가장 재미있어 한다. 일본의 정서가 강하게 드러나지만 아이들은 토토로를 매우 친근한 인형처럼 느끼며 재미있게 본다.

● 지도 가이드

① 가장 재미있었던 장면을 그려보자.
② 가장 재미있었던 장면을 이야기해보자.
③ 토토로는 메이와 사츠키에게 어떤 존재인지 말해보자.

신데렐라 (Cinderella, 1950)

● 장르 / 국가 / 감독	애니메이션 / 미국 / 윌프레드 잭슨, 해밀턴 러스크, 클라이드 제로니미
● 상영시간	74분
● 등장인물	신데렐라, 거스(생쥐), 자크(생쥐) 요정, 왕자, 새엄마, 언니
● 공식 등급	한국 : 전체관람가 / 해외 : G
● 차 선생님 추천 등급	더빙판 : 5세 이상 / 자막판 : 10세 이상

● 감상 가이드

1950년에 제작된 월트디즈니의 명작 애니메이션이다. 아이들이 동화책을 통해 익히 알고 있는 줄거리지만 매우 집중해서 영화를 감상한다. 원어를 그대로 직역해서 더빙해 어색한 것이 옥의 티다.

● 지도 가이드

① 가장 재미있었던 장면을 그려보자.
② 가장 재미있었던 장면을 이야기해보자.
③ 신데렐라에게 편지를 써보자.

피터 팬 (Peter Pan, 1953)

● 장르 / 국가 / 감독	애니메이션 / 미국 / 해밀턴 러스크, 클라이드 제로니미, 윌프레드 잭슨
● 상영시간	76분
● 등장인물	웬디(누나), 존(동생), 마이클(동생) 피터 팬, 후크 선장, 팅커벨, 타이거 릴리(추장 딸)
● 공식 등급	한국 : 전체관람가 / 해외 : G
● 차 선생님 추천 등급	더빙판 : 7세 이상 / 자막판 : 10세 이상

● 감상 가이드

1953년에 만들어졌다고 믿기 어려울 만큼 내용 구성과 화면이 탄탄하다. 지금 애니메이션과 비교해보아도 전혀 뒤떨어지지 않는 명작이다. 특히 월트디즈니의 장점인 음악과 영상의 조화, 신나지만 폭력적이지 않은 각색, 눈을 피로하게 하지 않는 부드러운 영상이 압권이다. 아이들의 집중도가 매우 높고, 보면서 굉장히 즐거워하는 영화다.

● 지도 가이드

① 가장 재미있었던 장면을 그려보자.
② 가장 재미있었던 장면을 이야기해보자.
③ 내가 만약 피터 팬이라면 뭘 하고 싶은지 말해보자.

벅스 라이프 (A Bug's Life, 1998) - 더빙판

● 장르 / 국가 / 감독	애니메이션 / 미국 / 존 라세터
● 상영시간	96분
● 등장인물	플릭(발명가 개미), 아타 공주(공주 개미), 애벌레, 무당벌레, 흑거미, 풍뎅이, 호퍼(악당 메뚜기), 여왕개미
● 공식 등급	한국 : 전체관람가 / 해외 : G
● 차 선생님 추천 등급	더빙판 : 5세 이상 / 자막판 : 10세 이상

● 감상 가이드

초등학교 저학년에게 아주 적합한 영화로, 처음 영화를 접하는 아이들에게는 더빙판이 좋다. 더빙판은 비교적 원작의 느낌을 잘 살렸고 정확한 대사 전달이 가능한 장점이 있다. 1학년이라면 만화영화의 아름다움을 느끼는 정도면 만족스럽다. 2~3학년이라면 영화를 보고 난 후 플릭과 개미들의 관계에 대해서 이야기해보거나, 메뚜기들과 개미들의 관계, 서커스 곤충들이 메뚜기들을 물리치는 과정과 그들의 용기에 대해서 이야기해보는 것이 좋다. 아이들의 반응을 봐가면서 캐릭터를 그려보게 하거나 주인공에게 편지를 쓰게 해도 좋다.

● 지도 가이드

① 발명가 개미 플릭은 왜 동료들에게 환영받지 못했는지 그 이유를 말해보자.
② 메뚜기들의 행동이 왜 나쁜지 이야기해보자.
③ 가장 인상 깊었던 곤충을 이야기해보고 그 이유를 설명해보자.

치킨 런 (Chicken Run, 2000)

● 장르 / 국가 / 감독	애니메이션 / 영국 / 피터 로드, 닉 파크
● 상영시간	84분
● 등장인물	록키(미국 수탉), 진저(암탉), 트위디 여사(닭 농장 주인)
● 공식 등급	한국 : 전체관람가 / 해외 : G
● 차 선생님 추천 등급	더빙판 : 7세 이상 / 자막판 : 10세 이상

암탉들이 자유를 찾아 양계장을 탈출한다는 설정의 이 영화
는 아이들이 좋아하는 동물들을 의인화하여 매우 흥미롭다.
이 영화의 가장 큰 특징은 클레이 애니메이션(진흙으로 캐릭
터를 만들어서 한 장면 한 장면씩 찍은 영화)이란 점이다. 대
표적인 클레이 애니메이션 작품으로는 〈월리스와 그로밋〉이
있다. 3학년 이상이라면 자유를 찾으려는 암탉들의 갈등을
부각시켜 토론하는 것도 좋다.

● 지도 가이드

① 암탉들이 왜 양계장을 탈출하려고 했는지 말해보자.
② 암탉들이 어떻게 탈출에 성공할 수 있었는지 말해보자.

인어공주 (The Little Mermaid, 1989)

● 장르 / 국가 / 감독	애니메이션 / 미국 / 존 머스커, 론 클레멘츠
● 상영시간	82분
● 등장인물	에리얼(인어공주), 우슬라(마녀), 에릭 왕자
● 공식 등급	한국 : 전체관람가 / 해외 : G
● 차 선생님 추천 등급	더빙판 : 6세 이상 / 자막판 : 10세 이상

● 감상 가이드

부드러운 영상과 훌륭한 음악, 가족 모두 즐기기에 좋은 내용과
아이들을 행복한 상상의 세계로 이끄는 내용으로 꽉 차 있다.
결말이 원작과는 다르다. 원작에서는 인어공주가 왕자와 사랑을
이루지 못하고 거품으로 변하지만, 애니메이션에서는 왕자와 사
랑을 이루고 못된 마녀는 쫓겨난다.

이 작품 이후로 월트디즈니의 에니메이션 〈미녀와 야수〉, 〈라이
온 킹〉, 〈알라딘〉 등에서는 독특한 조연 캐릭터들이 등장한다.
주인공은 원작에 충실하고, 조연 캐릭터들은 극에 활력과 재미
를 더한다. 더빙판에서는 연극배우 박정자 씨가 마녀 역을 정말
실감나게 더빙해서 아이들이 마녀가 등장할 때 몰입도가 높았
다. 저학년에게는 더빙판을, 3학년 이상에게는 자막판이 좋다.

● 지도 가이드

① 인어공주가 인간이 되려고 한 이유를 이야기해보자.

② 가장 인상 깊은 등장인물을 찾아보고 그 이유를 말해보자.

③ 동화책과 영화의 결말이 어떻게 다른지 이야기해보자.

토이 스토리 (Toy Story, 1995)

● 장르 / 국가 / 감독	애니메이션 / 미국 / 존 라세터
● 상영시간	77분
● 등장인물	우디(보안관), 알렌(버즈 라이트), 슬링키(강아지), 미스터 포테이토, 햄(돼지저금통), 렉스(공룡 인형),
● 공식 등급	한국 : 전체관람가 / 해외 : G
● 차 선생님 추천 등급	더빙판 : 7세 이상 / 자막판 : 10세 이상

● 감상 가이드

최초의 3차원 컴퓨터그래픽 애니메이션이다. 장난감을 의인화하여 만든 영화라 아이들이 매우 흥미 있어 한다. 3D의 질감과 화면은 당시에는 약간 이질적으로 느껴졌지만 요즘 아이들은 별 거부감 없이 감상한다. "재미있었니?"로 끝내지 말고 어떤 점이 재미있었는지를 물어보고, 다양한 형태의 답이 나오도록 유도하면 좋은 감상 후기가 나올 것이다.

● 지도 가이드

① 영화를 보고 자신이 좋아하는 주인공을 그려보자.

② 자신이 좋아하는 주인공이 어떤 일을 했는지 말해보자.

③ 가장 재미있었던 장면을 말해보자.

④ 버즈를 미워하던 우디가 버즈와 친구가 된 이유를 말해보자.

초급용 영화

초급용 영화라고 해서 영화의 수준이 낮은 것은 아니다. 입문용 영화가 영화에 흥미를 느끼고 즐거움을 찾게 하는 역할을 한다면, 초급용 영화는 영화에 담긴 메시지를 통해 감동을 받는 단계까지 갈 수 있도록 유도한다.

발달단계상 초등학생들은 자신과 친구 그리고 가족 등 주변 인물이나 상황을 소재로 한 영화에 더 흥미를 느낀다. 그 외에 모험과 탐험, 동물에도 관심을 나타낸다. 보통 전체관람가나 12세 이상 관람가가 주를 이루는데 여기에서 소개하는 영화들은 수업을 통해 교육적 효과를 검증했기 때문에 열 살 안팎의 아이들이 봐도 무방하다.

■ **초급용 영화의 선택 기준**
• 가족 간의 갈등을 다룬 영화
• 친구들 간의 우정을 다룬 영화
• 전래동화의 내용을 애니메이션이 아닌 실사 형태로 만든 영화
• 과학적 내용이 담긴 영화 중 아이들이 흥미를 느낄 수 있는 초급 수준의 영화
• 학교에 관한 내용을 다룬 영화
• 등장인물이 불굴의 의지로 고난을 극복하는 영화
• 새롭고 신비한 풍경과 화면이 가득한 영화
• 동물과 인간의 조화를 그린 영화

미세스 다웃파이어 (Mrs. Doubtfire, 1993)

● **장르 / 국가 / 감독**	코미디 / 미국 / 크리스 콜럼버스
● **상영시간**	125분
● **등장인물**	다니엘(아빠), 미란다(엄마), 미세스 다웃파이어(가정부)
● **공식 등급**	한국 : 12세 관람가 / 해외 : PG-13
● **차 선생님 추천 등급**	11세 이상

● 감상 가이드

주인공 로빈 윌리엄스는 그닥 잘생기진 않았지만 삶의 깊이를
느낄 수 있게 해주는 연기자다. 이 영화는 아이들에게 가족의
소중함을 느끼게 해준다. 갈등을 겪기도 하지만 유쾌하게 문제
를 해결해나가는 미세스 다웃파이어의 역할이 참 인상적이다.
가장 중요한 갈등 요소는 부부간의 갈등이지만 아이들과 이야
기를 나눌 때는 그것을 너무 크게 부각시키지 않는 것이 좋다.
아이들에게 부모의 갈등은 감내하기가 매우 힘든 일이기 때문
이다.

● 지도 가이드

① 다니엘과 미란다가 이혼한 이유를 알아보자.
② 다니엘이 가정부로 분장한 이유는 무엇인지 말해보자.
③ 행복한 가정은 어떤 가정인지 자신의 생각을 말해보자.

샬롯의 거미줄 (Charlotte's Web, 2006)

● 장르 / 국가 / 감독	드라마 / 미국 / 게리 위닉
● 상영시간	97분
● 등장인물	샬롯(거미), 펀(어린 딸), 윌버(새끼 돼지), 템블턴(쥐), 거위 부부, 양 떼 가족, 까마귀들
● 공식 등급	한국 : 12세 관람가 / 해외 : PG-13
● 차 선생님 추천 등급	더빙판 : 7세 이상 / 자막판 : 10세 이상

● 감상 가이드

아이들이 이해하는 데 무리가 없을 정도의 평이한 이야기지만
내용이 깊이 있어서 초급용으로 분류했다. 우정 관계에 초점을
맞춰 감상하는데, 영화에 나오는 인물들을 언급해주는 것이 좋
다. "왜 친하게 지내야 하지?", "왜 어려울 때 도와줘야 하
지?" 같은 질문을 던져 자연스럽게 우정을 이야기하는 게 좋
다. 친구 혹은 우정을 지키려면 내가 좋은 친구의 자질을 갖추
어야 한다는 것을 일깨우는 것이 가장 큰 목적이다.

① 윌버와 샬롯이 친구가 된 이유를 생각해보자.
② 친한 친구와 이별을 해본 경험을 이야기해보자.
③ 좋은 친구가 되기 위해서 내가 해야 할 일을 찾아보자.

잭 (Jack, 1996)

● 장르 / 국가 / 감독	코미디 / 미국 / 프란시스 포드 코폴라
● 상영시간	113분
● 등장인물	잭(조로증 아이), 카렌(엄마), 브라이언(아빠), 루이, 애디(친구), 마르케즈(선생님)
● 공식 등급	한국 : 12세 관람가 / 해외 : PG-13
● 차 선생님 추천 등급	11세 이상

● 감상 가이드

우리는 인생을 얼마나 진지하게 살고 있을까? 로빈 윌리엄스 주연의 〈잭〉에서 그 해답을 찾아볼 수 있다.

아이들은 어른이 되는 것에 대해 막연한 환상과 두려움이 있다. 어른이 되면 간섭받지 않고 공부에 대한 스트레스도 받지 않을 것이라고 생각하면서 막연한 기대감을 가지기도 하고, 반대로 자신의 부모를 보면서 막연히 '행복하지 않을 것'이라는 두려움을 품기도 한다.

조로증에 걸린 잭은 남들보다 몇 배나 빨리 늙어간다. 겉보기에는 40대 중년이지만 아직 열 살인 잭은 학교에 가고 싶어하고, 결국은 초등학교 4~5학년쯤 되어 보이는 아이들과 함께 수업을 받는다.

아이들과 이 영화를 볼 때마다 항상 눈물을 보이고야 마는 장면이 몇몇 있다. 재미있으면서도 가슴 뭉클한 영화다.

● 지도 가이드

① 어른이 되어간다는 것이 무엇을 의미하는지 생각해보자.
② 잭이 살아가는 모습을 살펴보고 자신의 생활과 비교해보자.

● 장르 / 국가 / 감독	가족 / 한국 / 박은형, 오달균
● 상영시간	97분
● 등장인물	찬이(오빠), 소이(여동생), 마음이(강아지)
● 공식 등급	한국 : 전체관람가
● 차 선생님 추천 등급	11세 이상

● 감상 가이드

우리나라 영화는 영화의 완성도를 떠나서 교육용 영화로 선정하기에 어려움이 많다. 외화를 볼 때와는 달리 욕설 등을 알아들을 수 있어 영화에서 배울 수 있는 중요한 메시지는 놓치고 욕설과 폭력적인 장면만 각인되는 경우가 많기 때문이다. 그런 면에서 〈마음이〉는 어렵게 선정한 초급용 영화다. 이 영화는 마음이라는 개와 찬이, 소이 남매가 살아가는 이야기다. 실화는 아니지만 꼭 있을 법한 이야기를 영화로 만들었다.

영화를 보고 나서 만약 내가 같은 상황에 처한다면 어떻게 할지 생각해보고 찬이와 소이 그리고 마음이의 입장에서 이해해보는 시간을 가져보자.

● 지도 가이드

① 찬이와 소이가 부모님 없이 살게 된 이유는 무엇일지 함께 이야기 나누자.

② 찬이가 왜 마음이를 미워하게 되었는지를 말해보자.

③ 찬이와 마음이가 화해하게 된 이유가 무엇인지 함께 얘기해보자.

④ 내가 찬이였다면 어떻게 하였을지를 말해보자.

⑤ 내가 소이였다면 어떻게 하였을지를 말해보자.

카 (Cars, 2006)

● 장르 / 국가 / 감독	코미디 / 미국 / 존 라세터, 조 랜프트
● 상영시간	113분
● 등장인물	라이트닝 맥퀸(주인공), 닥 허드슨(과거 챔피언), 샐리(맥퀸의 여자친구), 메이트(견인차)
● 공식 등급	한국 : 전체관람가 / 해외 : G
● 차 선생님 추천 등급	더빙판 : 7세 이상 / 자막판 : 10세 이상

● 감상 가이드

〈니모를 찾아서〉, 〈인크레더블〉 등으로 명성을 쌓아온 픽사
의 작품이다. 배경과 등장인물이 실사처럼 정밀하고 섬세
하게 표현되어 있다. 캐릭터들은 약간 정형화되어 있지만,
그래서 교육용으로 활용하기 좋다. 이 영화가 전하는 메시
지는 '큰 능력을 가졌으면 큰일을 하고, 작은 능력을 가졌
다면 작은 일을 충실히 그리고 기쁘게 하는 것이 우리를
행복으로 이끈다'는 것이다.

영화 감상 후 대화를 나눌 때는 두 가지에 역점을 두는 것
이 좋다. 먼저 맥퀸의 행동에 대해서 생각해보게 하고, 내
가 맥퀸이라면 어떻게 행동했을지 생각해보게 하는 것이
다. 그런 다음 라디에이터 스프링스는 맥퀸에게 어떤 의미
가 있었는지를 생각해보게 하고, 자신도 그런 위안처가 있는지 뒤돌아보게 한다. 두 번째는
약간 어려울 수 있으니 고학년에서 지도하는 것이 좋다.

많은 사람들이 맥퀸처럼 되고 싶어한다. 사람들은 살아가면서 능력의 한계를 깨닫고, 자신에
게 없는 능력을 가진 사람들을 부러워한다. '나도 저런 능력이 있었으면…. 난 왜 이리 못났
을까?' 이렇게 자책하다 보면 우울해지고 내성적으로 변하는 것은 아이들도 마찬가지다. 대
화와 토론을 통해서 그런 사람들이 인생을 어떻게 살아가는지, 그리고 그들이 진심으로 행복
해하는지를 생각해보게 하자. 이야기를 하다 보면 능력이 행복을 가져다주는 것이 아니라 능
력을 어떤 마음가짐으로 사용하는지가 행복을 결정짓는 요소라는 결론에 이른다.

● 지도 가이드

① 라이트닝 맥퀸의 생각이 바뀐 이유가 무엇인지 찾아보자.
② 내가 맥퀸이라면 어떤 선택을 했을지 정해보고 그 이유를 말해보자.
③ 내가 맥퀸 같은 친구를 만나면 어떻게 할지 생각해보자.

마이티 (The Mighty, 1998)

● 장르 / 국가 / 감독	드라마 / 미국 / 피터 첼솜
● 상영시간	100분
● 등장인물	맥스(학습장애아), 케빈(선천성 기형)
● 공식 등급	한국 : 전체관람가 / 해외 : PG-13
● 차 선생님 추천 등급	11세 이상

● 감상 가이드

아이들에게는 자신과 처지가 다른 또래의 삶을 비추어 볼 수 있는 영화가 좋다. 요즘 아이들은 예전보다 더 똑똑하고 말도 잘하고 무엇보다 물질적으로 풍요롭게 살고 있다. 반면에 이기심이 강하고 타인에 대한 배려심이 부족해 자기중심적인 행동과 생각을 많이 한다. 많은 것을 가지고도 부족하다고 느낀다면 세상을 살아가기가 얼마나 힘들까. 반대로 부족한 게 많은데도 자신이 가진 조그마한 것을 소중하게 여긴다면 세상은 더 아름답게 보일 것이다.

이 영화에 나오는 케빈과 맥스는 평범하지 않다. 평범하지 않기 때문에 별 설명 없이 영화를 보여주면 좀 지루해한다. 그래서 영화를 보기 전에 자신이 가진 것에 대해서 얼마나 감사해하는지, 자신의 부족한 점 때문에 소심해지거나 남들에게 숨기고 싶은 것들이 있었는지를 물어보거나 써보게 하는 것이 좋다. 영화를 보고 난 후 다시 그것을 말해보거나 읽어보게 하면 '적어도 내가 맥스와 케빈보다는 행복의 조건을 더 많이 가졌다'는 것을 느낄 것이다.

● 지도 가이드

① 케빈과 맥스가 처한 상황을 사례를 들어가며 이야기해보자.
② 케빈이 맥스와 친구가 될 수 있었던 이유를 설명해보자.
③ 맥스가 왜 아이들에게 놀림을 받았는지, 왜 세상과 등지게 되었는지 생각해보자.

프리 윌리 (Free Willy, 1993)

● 장르 / 국가 / 감독	드라마 / 미국 / 사이먼 윈서
● 상영시간	112분
● 등장인물	제시(윌리의 친구), 윌리(범고래), 레린들리(조련사), 존슨(수족관 일꾼)
● 공식 등급	한국 : 전체관람가 / 해외 : PG
● 차 선생님 추천 등급	10세 이상

● 감상 가이드

1993년에 워너브라더스가 제작해서 우리나라에서 1994년 8월에 개봉한 영화 〈프리 윌리〉는 인간과 동물의 우정과 모험을 다룬 수작이다. 끝 장면에서 마이클 잭슨의 〈Will You Be There〉가 잔잔히 흘러나온다.

제시는 인간이고 윌리는 동물이지만 서로 우정을 주고받는다. 우정의 핵심은 '서로가 존중하며 존중받는 존재로 인정하는 것'이다. 그런데 요즘 아이들 가운데는 교우 관계가 원만하지 못한 아이들이 많다. 왜 그런 걸까? 바로 존중받는 것에는 익숙한데 존중하는 것에는 익숙하지 않기 때문이다. 받는 것에 익숙한 아이들은 자기 것을 나누어주는 데는 익숙하지 않다. 이런 경향이 강한 아이일수록 교우 관계에 문제가 많을 가능성이 높다.

제시가 윌리를 도운 것이 윌리를 위한 것만이 아니라 불우한 환경에서 자란 자신을 위한 것이었음을 아이가 느끼게 해주어야 한다. 그러면 진정한 우정은 친구를 존중하는 것이며, 친구에게 존중받으려면 내가 먼저 친구를 존중해줘야 한다는 사실도 일깨울 수 있다. 내가 친구를 도와주는 것이 아니라 나의 행복을 위해 나누어준다는 것까지 알게 된다면 우정에 대한 높은 수준의 성찰까지 가능할 것이다. 또한 타인을 돕는 것이 곧 자신을 행복하게 한다는 것을 느끼도록 한다면 〈프리 윌리〉는 아이들의 가슴속에 오랫동안 남을 것이다.

● 지도 가이드

① 윌리와 제시가 친구가 된 까닭을 알아보자.
② 사장이 윌리를 죽이려 한 이유를 알아보자.
③ 진정한 우정이 무엇인지 알아보고 내가 할 수 있는 일을 찾아보자.

소림축구 (少林足球: Shaolin Soccer, 2001)

● 장르 / 국가 / 감독	코미디 / 홍콩 / 주성치
● 상영시간	87분
● 등장인물	씽씽(강철다리), 아매(만두가게 아가씨), 명봉(과거 축구 스타), 강웅(축구협회 위원장, 악당)
● 공식 등급	한국 : 15세 관람가
● 차 선생님 추천 등급	11세 이상

● 감상 가이드

이 영화는 전형적인 권선징악의 구조를 하고 있다. 주인공 씽씽(주성치)은 자신의 능력을 충분히 발휘할 줄 알고 자신의 목표를 이루고자 노력한다. 그리고 능력이 있는 동료들을 발견해내고, 그들의 잠재력을 일깨워준다.

자신과 팀의 목표를 위해 희생하고 인내하는 것에 대해서 이야기해본다면 좋은 토론거리가 될 것이다.

● 지도 가이드

① 소림 축구단이 우승할 수 있었던 비결을 알아보자.

② 영화 속에서 다소 유치하지만 진솔한 이야기가 담긴 장면을 하나 이상 발견해보자.

미녀와 야수 (Beauty And The Beast, 1991)

● 장르 / 국가 / 감독	애니메이션 / 미국 / 게리 트러스데일, 커크 와이즈
● 상영시간	85분
● 등장인물	야수(마법에 걸린 왕자), 벨(야수가 사랑한 여인), 개스통(자아도취에 빠진 젊은이), 모리스(벨의 아빠), 뤼미에르(촛대), 콕스워스(탁상시계)
● 공식 등급	한국 : 전체관람가 / 해외 : PG
● 차 선생님 추천 등급	더빙판 : 7세 이상 / 자막판 : 10세 이상

영화를 함께 보면 아이의 숨은 마음이 보인다

● 감상 가이드

프랑스 동화를 원작으로 한 이 영화는 아름다운 영상과 더불어 음악도 매우 훌륭하다. 월트디즈니의 야심작답게 권선징악의 구조와 부드러운 영상이 어우러져 어른과 아이들 모두 공감하기에 충분하다. 이 영화는 아이들에게 사랑이라는 감정이 어떤 것인지를 일깨워주는 데 매우 효과적이다.

● 지도 가이드

① 왕자가 무서운 야수가 된 까닭은 무엇일까?
② 벨(미녀)이 개스통을 싫어한 까닭은 무엇일까?
③ 미녀가 야수를 진심으로 사랑하게 된 이유는 무엇일까?
④ 가장 인상 깊은 장면은?

폭풍우 치는 밤에 (あらしのよるに, 2005) - 자막판

● 장르 / 국가 / 감독	애니메이션 / 일본 / 스기이 기사부로
● 상영시간	106분
● 등장인물	메이(염소), 가브(늑대)
● 공식 등급	한국 : 전체관람가
● 차 선생님 추천 등급	더빙판 : 6세 이상 / 자막판 : 10세 이상

● 감상 가이드

일본에서 잘 알려진 동화를 애니메이션으로 제작한 것으로, 염소와 늑대가 친구가 된다는 기발한 상상력을 바탕으로 우정의 소중함을 그렸다. 풀을 좋아하는 염소 메이와 염소 고기를 특히 좋아하는 늑대 가브가 폭풍우 치는 밤 오두막에서 우연히 만나 우정을 싹틔워가는 이야기를 감동적으로 풀어냈다.

이 영화에서 교육적으로 주목할 점은 2가지다. 우선 편견을 이겨내는 것이다. 늑대와 염소가 친구가 된다는 설정 자체가 은연중에 가진 편견을 깨뜨리므로 교육적 가치가 매우 높다. 두 번째는 용기를 가지고 시련을 극복해나가는 점이다. 매우 불리한 환경에 처한 메이와 가브가 시련을 극복해나가는 모습은 아이들에게 '나도 어려움을 헤쳐나갈 수 있다'는 용기와 자신감을 불어넣어줄 것이다.

① 염소 메이와 늑대 가브가 어떻게 친구가 되었는지 알아보자.
② 메이와 가브가 친구가 되어 힘들었던 점이 무엇인지 찾아보자.
③ 메이와 가브의 행동에서 본받을 점은 무엇인지 이이기해보자.
④ 편견에 대한 자신의 생각을 이야기해보자.

프리키 프라이데이 (Freaky Friday, 2003)

● 장르 / 국가 / 감독	코미디 / 미국 / 마크 워터스
● 상영시간	93분
● 등장인물	테스(엄마), 애나(딸), 라이언(테스의 약혼자)
● 공식 등급	한국 : 전체관람가 / 해외 : PG
● 차 선생님 추천 등급	11세 이상

● 감상 가이드

학부모 초청 공개수업 때 꼭 선정하는 영화다. 영화 감상
후 토론 수업을 진행하면 학부모들과 아이들 편으로 나
뉘어 열띤 토론이 펼쳐진다. 아이들은 평소에 부모님에
게 불만이 많다. 나이가 더 들어 사춘기에 접어들면 극에
달한다. 이 영화는 그런 아이들이 부모의 입장을 경험할
수 있게 하는 점에서 좋은 영화다.
평소 아이와 부모과 티격태격한다면 이 영화를 권하고
싶다. 1~4학년 아이들은 자막 읽기 연습이 되어 있다면
필히 보아야 할 영화다. 고학년이라면 감상보다는 토론
에 초점을 맞춰 의견을 나누길 권한다.

● 지도 가이드
① 엄마와 딸 애나가 서로 다투는 이유가 무엇인지 찾아보자.
② 엄마와 딸이 서로 몸이 바뀌면서 달라진 일들과 그것들로 인해 서로를 이해하게 된 점이
무엇인지 한 가지 이상 말해보자.
③ 부모님과 내가 몸이 바뀐다면 어떤 일이 일어날지 상상하여 말해보자.

드리머 (Dreamer: Inspired By A True Story, 2005)

● **장르 / 국가 / 감독**	드라마 / 미국 / 존 거틴즈
● **상영시간**	104분
● **등장인물**	벤(아버지), 소냐도르(경주마), 케일(딸), 팝(할아버지)
● **공식 등급**	한국 : 전체관람가 / 해외 : PG
● **차 선생님 추천 등급**	10세 이상

● **감상 가이드**

영화를 통해 다양한 경험을 해보는 것은 아주 좋은 일이다. 그런 점에서 〈드리머〉는 영화를 접하는 어린이들에게 감동과 재미를 함께 줄 수 있는 좋은 작품이다.

이 영화에서는 2가지를 중점적으로 지도한다. 먼저 경주마 소냐도르가 고난과 역경을 이겨나가는 모습을 이야기한다. 그리고 케일의 가족이 서로에 대한 불신과 미움을 어떻게 해소해나갔는지 보도록 한다. 이것은 다시 아버지와 케일의 관계, 아버지와 할아버지의 관계로 나누어볼 수 있다. 말 그 자체를 사랑해서 소냐도르에게 애정을 쏟은 케일과 딸의 청에 못 이겨 말을 인수하지만 말을 살려내 팔려고 했던 아버지의 갈등이 어떻게 해소되었는지 이야기해도록 한다. 할아버지와 아버지가

왜 갈등했으며 어떻게 해소해나갔는지를 이야기해보는 것도 의미 있다.

● **지도 가이드**

① 소냐도르가 왜 안락사를 당할 위험에 처했는지 말해보자.
② 아버지와 케일은 어떤 갈등을 겪었고 그것을 어떻게 해결하였는지 찾아보자.
③ 할아버지와 케일은 어떤 갈등을 겪었고 그것을 어떻게 해결하였는지 말해보자.
④ 할아버지, 아버지, 케일, 소냐도르 중 하나를 선택해 자신의 생각을 편지로 써보자.

자투라 - 스페이스 어드벤처 (Zathura: A Space Adventure, 2005)

● 장르 / 국가 / 감독	판타지 / 미국 / 존 파브로
● 상영시간	101분
● 등장인물	아빠, 월터(형), 대니(동생), 리사(누나), 우주비행사, 조르곤(우주 악당)
● 공식 등급	한국 : 전체관람가 / 해외 : PG
● 차 선생님 추천 등급	10세 이상

● 감상 가이드

감독인 존 파브로는 특이한 이력의 소유자다. 배우 겸 감독으로 〈엘프〉를 감독했고, 〈딥 임팩트〉, 〈리플레이스먼트 킬러〉, 〈윔블던〉 등에 출연하기도 했다. 〈자투라〉는 〈쥬만지〉의 후속편이라고 할 수 있는데 〈쥬만지〉보다 학습용 영화로 더 적합하다.

이 영화에서는 형제간의 갈등을 아주 적나라하게 보여준다. 이혼한 가정(미국 가족영화에 자주 등장하는 설정)에서 아이들은 부모의 사랑을 독차지하기 위해 지나칠 정도로 경쟁을 벌이고 서로 질투한다. 감상 후 대화를 할 때는 단순히 이런 경쟁과 질투가 나쁘다고 훈계하기보다는 경쟁과 질투가 일어나는 이유를 설명해서 그것이 당연한 일임을 느낄 수 있도록 해준다.

● 지도 가이드

① 월터와 대니가 싸운 이유를 찾아보자.
② 동생이 있어서 좋은 점과 싫은 점을 이야기해보자.
③ 형, 누나, 오빠가 있어 좋은 점과 싫은 점을 이야기해보자.
④ 월터와 대니가 화해한 이유를 찾아보고 자신의 생각을 글로 표현해보자.

CJ7 - 장강7호 (長江7號: CJ7, 2010)

● 장르 / 국가 / 감독	SF, 코미디 / 홍콩 / 주성치
● 상영시간	83분
● 등장인물	아버지, 디키초우(아들), 장강7호(장난감)
● 공식 등급	한국 : 전체관람가 / 해외 : PG
● 차 선생님 추천 등급	10세 이상

● 감상 가이드

디키초우는 어머니가 일찍 돌아가시고 아버지(주성치)와 함께 어렵게 살아간다. 아버지는 막노동을 하지만 아들의 미래를 위해 무리하여 최고급 사립학교에 보낸다. 이 학교 학생들은 모두 노트북을 가지고 있고, 학교 건물도 웬만한 대학을 능가한다.

옷도 신발도 남루한 디키초우는 이에 굴하지 않고 씩씩하게 자란다. 디키초우는 가난해도 진실되게 살면 행복하다는 아버지의 가르침을 충실히 따르지만 새 신발과 아이들이 가지고 노는 강아지 장난감 '장강1호'를 가지고 싶어한다.

신발이 해진 아들을 위해 아버지는 쓰레기장을 뒤지다가 유에프오가 남기고 간 이상한 푸른 공을 발견해서 집으로 가져온다. 이 공에서 강아지 같은 것이 나오는데 디키초우는 이 강아지의 이름을 '장강7호'라 짓고 매일 학교로 가져간다.

감상 후 중국의 교육 현실에 대해 언급해주는 것도 좋다. 중국의 급속한 자본주의화로 말미암은 빈부 격차는 디키초우의 집과 학교를 보면 극명하게 대비된다. 그러나 영화에서는 장르가 코미디임을 감안해서인지 빈부 격차에 대해 심각하게 다루지는 않는다.

● 지도 가이드

① 디키초우가 학교에서 기죽지 않고 지낼 수 있었던 이유를 아버지의 가르침을 통해 찾아보자.
② 장강7호와 디키초우의 우정을 어떻게 생각하는지 말해보자.
③ 가장 즐거웠던 장면과 가장 슬펐던 장면을 나누어 이야기해보자.

이티 (E.T. The Extra-Terrestrial, 1982)

● 장르 / 국가 / 감독	SF, 판타지 / 미국 / 스티븐 스필버그
● 상영시간	110분
● 등장인물	E.T(외계인), 엘리어트(주인공), 마이클(형), 거티(여동생)
● 공식 등급	한국 : 전체관람가 / 해외 : PG
● 차 선생님 추천 등급	11세 이상

● **감상 가이드**

1982년 스티븐 스필버그가 세계를 강타할 감동의 명작을 내놓는다. 바로 〈이티〉다. 이 영화에 대한 감동은 20년이 훨씬 지난 지금도 여전하다. 영상, 편집, 음악, 시나리오 무엇 하나 흠잡을 구석이 없는 명작으로 만족스러운 감동을 전해준다.

이 영화에서는 3가지 특징에 중점을 두어야 한다. 첫째는 이티와 엘리어트의 우정이다. 이는 초급용 영화를 보며 지향해야 할 교육 목표에도 아주 잘 들어맞는다. 실제로 아이들은 이티가 과거의 캐릭터인데도 아주 친근하게 느낀다.

두 번째 특성은 이 영화가 부모 세대와 자식 세대를 아우르는 매개체가 될 수 있다는 점이다. 부모가 어렸을 적 감명 깊게 본 영화를 아이와 함께 보는 것은 상당히 의미 있는

일이다. 그런 면에서 이티는 1982년 작품이지만 지금도 여전히 교육적 가치가 높은 영화다.

세 번째 특성은 편견에 대한 도전이다. 이 영화를 보고 나서 이 점에 대해 생각하는 아이라면 관찰력과 통찰력이 뛰어나다고 할 수 있다. 이티는 기성세대 입장에서 봤을 때는 격리해야 할 위험 인자일 수도 있다. 이 점은 역시 초급용 영화로 선정된 〈아이언 자이언트〉에서도 일부 나타난다.

편견의 부당함을 보여주는 이 영화를 보고 대화를 나누는 것은 나와 다른 것들에 대한 오해와 편견 그리고 터부를 줄여나가는 데 도움을 줄 것이다. 뿐만 아니라 합리적이고 이성적인 판단력과 가치관, 전인적인 인격을 함양하는 데도 도움을 줄 것이다.

● **지도 가이드**

① 이티와 엘리어트의 우정을 어떻게 생각하는지 이야기해보자.
② 이티가 엘리어트에게 초콜릿을 준 이유가 무엇인지 자신의 생각을 말해보자.
③ 엘리어트 혹은 이티의 입장에서 상대방에게 편지를 써보자.

인크레더블 (The Incredibles, 2004)

● **장르 / 국가 / 감독**	3D 애니메이션 / 미국 / 브래드 버드
● **상영시간**	121분
● **등장인물**	인크레더블(아버지), 엘라스티걸(어머니), 바이올렛(누나), 대시(남동생), 프로존(얼음맨), 신드롬(악당)
● **공식 등급**	한국 : 전체관람가 / 해외 : PG
● **차 선생님 추천 등급**	더빙판 : 7세 이상 / 자막판 : 10세 이상

● **감상 가이드**

전체관람가 애니메이션은 대체로 선과 악이 분명하고 도덕적인 이야기로 구성된다. 그렇지만 이 영화는 내용이나 설정, 상황 묘사가 실사 영화와 비슷하다. 수퍼 영웅에서 직장인이 된 인크레더블이 자신의 직장인 보험회사 사장에게 문책당하는 장면은 디즈니가 기존에 추구해온 환상과 동화 같은 애니메이션에 비추어 보면 상당히 이례적인 장면이라 할 만하다.

전체적인 구성은 선과 악의 이분법적 구도를 띠고 있지만 수퍼 영웅이 인간적인 고뇌를 하는 부분에도 많은 장면을 할애하는 등 생각할 거리를 주는 매우 유익한 영화다. 이 영화는 아이들의 심리를 파악하는 보조 자료로 사용할 수 있다.

● **지도 가이드**

① 인크레더블이 수퍼 영웅에서 평범한 직장인이 된 까닭이 무엇인지 찾아보자.
② 신드롬이 왜 악당이 되었는지 설명해보자.
③ 나에게 한 가지 초능력이 생긴다면 무엇을 가지고 싶은지 생각하고, 자신이 초능력자가 된다면 행복할지 불행할지 이유를 들어가며 이야기해보자.

중급용 영화

중급용 영화는 입문, 초급 과정을 거치고 더욱 심도 있는 영화 세계에 빠져들 준비가 된 아이들에게 적당하다. 아이가 영화의 메시지를 왜곡하지 않고 받아들이고 취할 부분과 버릴 부분을 비교적 잘 찾아 선택하는 단계에 왔을 때 보여줄 수 있는 영화다. 약간 철학적인 내용을 담고 있으며, 등급은 전체관람가부터 15세 이상 관람가까지 있다.

■ **중급용 영화의 선택 기준**

• 가정, 학교를 벗어나 사회의 모순을 지적하는 영화
• 소외된 계층이나 민족, 국가에 관한 내용이 나오는 영화
• 제3세계 영화 중 작품성이 뛰어나고 흥미를 끌 만한 영화
• 남녀 간의 사랑을 다룬 영화 중 보편적 아름다움을 담은 영화
• 내용이 약간 어렵긴 하지만 아이들이 접하기 힘든 풍광, 영상미를 갖춘 영화
• 역사를 알아야 영화의 주된 메시지를 이해할 수 있는 영화
• 과학적 지식이나 해석이 필요한 공상영화
• 철학적 내용을 담고 있거나 사회적 모순을 지적하는 애니메이션

트루먼 쇼 (The Truman Show, 1998)

● **장르 / 국가 / 감독**	코미디 / 미국 / 피터 위어
● **상영시간**	102분
● **등장인물**	트루먼(주인공), 메릴(트루먼의 부인), 실비아(트루먼이 좋아한 여인), 감독(쇼 연출가)
● **공식 등급**	한국 : 15세 관람가 / 해외 : PG
● **차 선생님 추천 등급**	11세 이상

● **감상 가이드**

동화 속 주인공이 되고 싶어하는 아이들이 있다. 자신도 모르는 사이에 많은 사람들이 시청하는 프로그램의 주인공으로 살아가는 것은 어찌 보면 신나는 일일 수도 있다. 그러나 그것이 내가 선택한 일인지 아닌지는 생각해봐야 한다. 이 영화를 보고 진실이 우리를 항상 행복하게 해주진 않는다는 점을 생각해보는 것도 의미 있을 것이다.

● **지도 가이드**

① 자신이 트루먼이라면 어떤 결정을 내렸을지 말해보자.
② 트루먼이 피지에 가고 싶어한 이유를 설명해보자.
③ 내가 트루먼이 되어서 시청자들에게 편지를 써보자.

올리버 트위스트 (Oliver Twist, 2005)

● **장르 / 국가 / 감독**	드라마 / 미국 / 로만 폴란스키
● **상영시간**	129분
● **등장인물**	올리버 트위스트, 페이긴, 사이키스, 다저, 낸시, 브라운로
● **공식 등급**	한국 : 12세 관람가 / 해외 : PG-13
● **차 선생님 추천 등급**	11세 이상

● **감상 가이드**

로만 폴란스키 감독이 〈피아니스트〉로 칸 영화제 황금종려상과 아카데미 감독상, 각색상을 받은 후 선택한 영화가 찰스 디킨스 원작의 〈올리버 트위스트〉다. 원작이 워낙 유명하다 보니 내용을 정확하게 파악하는 것만으로도 훌륭한 교육적 가치가 있다.

내용을 어느 정도 파악했다면 인상적인 장면이나 대사를 위주로 이야기를 한다. '관대함과 화해'라는 가치에 대해서도 이야기할 필요가 있다. 그런 다음 올리버와 자신의 삶을 비교해보며 이야기를 나누어보자. 아이들은 이런 과정을 거치며 자신이 올리버와 견주면 매우 행복한 사람이라는 사실을 깨닫게 된다.

자신의 삶이 '불행하다고 간주할 만한 이유'와 '행복하다고 간주할 만한 이유'를 분류해보고 그러한 이유가 객관적으로 보았을 때 타당한지 검토해보는 시간을 가져보자. 마지막 단계에서는 '만약 내가 올리버였다면~'이라는 가정법으로 대화를 이끌어가는 것이 좋다. 이러한 방식의 대화는 다른 사람이 처한 상황을 객관적으로 살펴보고 자신의 삶을 돌아볼 기회를 제공한다.

● **지도 가이드**

① 올리버의 삶을 나의 삶과 비교해보자.
② 내 삶이 행복한지 불행한지 판단해보자.
③ 내가 올리버라면 어떻게 했을지 말해보자.

안녕! 유에프오 (2004)

● 장르 / 국가 / 감독	멜로 · 로맨스 / 한국 / 김진민
● 상영시간	105분
● 등장인물	상현(버스 운전사), 경우(시각장애인)
● 공식 등급	한국 : 전체관람가
● 차 선생님 추천 등급	11세 이상

● **감상 가이드**

시각장애인 경우와 버스 운전사 상현의 유치하면서도 사랑스러운 이야기다. 아이들에게 사랑의 감정을 전달해주기 위해 영화를 이용할 때는 어려움이 따른다. 사랑을 상업적으로 이용한 영화들 때문에 아이들이 사랑을 육체적인 탐닉으로 왜곡하여 받아들일 때가 많기 때문이다. 이런 경우 전체적인 메시지가 좋아서 선택해도 몇몇 장면 때문에 의도하지 않은 결과가 빚어지기도 한다. 그렇지만 이 영화는 러브신이 적당한 수준으로 들어가 있고 내용도 순수해 아이들도 쉽게 공감할 수 있다.

이 영화에서 아이들과 함께 이야기할 내용은 '사랑과 배려의 차이'다. 가장 초점을 맞추어야 할 것은 이야기의 줄거리를 파악하는 것이다. 왜 경우가 버스 종점이 있는 동네에 살게 되었는지, 왜 상현은 경우에게 사랑한다는 말을 하지 못하는지, 왜 경우는 상현에게 살갑게 대하다가 갑자기 차가워졌는지를 아이와 함께 이야기하다 보면 자연스럽게 아이의 교우 관계에 대해서도 지도할 수 있다.

● **지도 가이드**

① 경우와 상현의 사랑을 어떻게 생각하는지 말해보자.

② 경우와 상현의 성격이 어떠한지 이야기해보자.

③ 배려와 사랑의 차이를 알아보고 그 의미를 이야기해보자.

동감 (Ditto, 2000)

● **장르 / 국가 / 감독**	멜로 · 로맨스 / 한국 / 김정권
● **상영시간**	110분
● **등장인물**	소은(여주인공), 선미(소은 친구), 동희(소은의 선배), 인(소은과 통신을 하는 남자), 현지(인을 좋아하는 여자)
● **공식 등급**	한국 : 12세 관람가
● **차 선생님 추천 등급**	12세 이상

● **감상 가이드**

시공간을 초월한 소통을 다루고 있으며, 은은한 사랑에 대한 참신한 아이디어가 있고, 시종일관 부드럽고 편안하게 이야기를 끌어가는 영화다. 소은과 인은 서로 다른 시공간에서 아마추어무선통신(HAM)을 통해 통신한다. 소은과 인이 서로 다른 시공간에 있다는 사실을 알려주는 힌트는 서로 학번을 물어보는 장면, 1979년 신문기사, 그리고 학교의 시계탑이다. 인은 소은을 통해 놀라운 사실을 알게 된다. 바로 소은이 21년 전에 짝사랑한 남자가 바로 인의 아버지란 사실이다.

이 영화를 보고 아이와 대화를 나눌 때는 사랑을 주제로 이야기하는 것이 좋다. 이 영화는 소재가 참신해서 아이들이 초반에는 영화에 몰입해서 잘 따라오지만, 중반 이후부터는 아이들의 몰입도가 좀 떨어진다. 그러므로 소은이 사랑하는 동희를 포기해야만 했던 이유를 잘 이해시켜주는 것이 좋다. 이것만 잘 이해시킨다면 좋은 대화로 이끌 수 있다. 마지막에 소은과 인이 만나는 장면은 아이들이 이해하기에는 무리가 따른다. 그에 대한 설명도 곁들이는 것이 좋다.

● **지도 가이드**

① 소은과 인이 약속을 정했지만 만나지 못한 이유를 찾아보자.

② 인이 과거의 소은에게 "미안해요"라고 말한 이유가 무엇인지 생각해보자.

③ 자신의 미래를 누군가 알고 있다면 제일 먼저 물어보고 싶은 것은 무엇일지 말해보자.

해피 피트 (Happy Feet, 2006)

● **장르 / 국가 / 감독**	애니메이션 · 가족 / 미국 / 조지 밀러
● **상영시간**	108분
● **등장인물**	멈블(음치 펭귄), 노마 진(엄마 펭귄), 멤피스(아빠펭귄), 글로리아 (멈블 여친 펭귄), 라몬(악당 펭귄)
● **공식 등급**	한국 : 전체관람가
● **차 선생님 추천 등급**	더빙판 : 7세 이상 / 자막판 : 10세 이상

● **감상 가이드**

2006년 개봉된 애니메이션 중 최고의 명작을 뽑으라면 주저 없이 〈해피 피트〉를 선택할 것이다. 교육적 자료로서 영화 혹은 애니메이션을 볼 때 가장 중요하게 따져보는 요소는 '상반되는 두 개의 가치가 서로 충돌하고 그것을 합리적으로 해결해가는 과정'이 있는가 하는 것이다. 이것을 '가치 갈등'이라고 하는데, 이러한 과정이 있어야 교육적 자료로서 효과적으로 활용할 수 있고 아이들도 쉽고 명료하게 인지할 수 있다. 그런 점에서 〈해피 피트〉는 뛰어난 수작이다.

교육적 가치가 특히 높은 부분은 펭귄 멈블이 자신의 정체성을 찾아가는 과정이다. 노래를 못하면 대접받지 못하는 펭귄 사회에서 멈블은 아웃사이더이자 이단아다. 멈블은 자신의 정체성에 혼돈을 느끼지만 주저앉지 않고 더 나은 해결책을 능동적으로 찾아간다. 이것만으로도 충분히 성장 영화로서 가치가 있다.

영화 후반부에는 철학적인 내용도 담고 있다. 즉 '펭귄 나라에서 왜 살기가 힘들어졌는가?' 하는 문제에 어른 펭귄들(기득권층)과 멈블은 서로 다른 답을 내놓는다. 어떤 것이 옳고 그른지는 아이들이 판단하게 하고, 멈블이 환경이 변하는 것을 인정하고 그 원인과 대책을 합리적으로 생각하고 행동한 것에 대해서 생각해보도록 하는 데 초점을 둔다.

● **지도 가이드**

① 멈블이 펭귄 나라에서 살아가기 힘들었던 이유를 찾아보자.

② 멈블이 자신감을 되찾을 수 있었던 원인은 무엇인지 설명해보자.

③ 펭귄 나라는 왜 살기가 힘들어졌고 그 이유를 어른 펭귄들과 멈블은 어떻게 설명하였는지 구분하여 말해보자.

④ 어획이 금지된 지역에서 어떤 일이 벌어졌으며 그 일을 한 외계인들은 누구인지 알아보자.

⑤ 멈블의 행동과 태도를 보며 느낀 점을 멈블에게 편지로 써보자.

사랑의 블랙홀 (Groundhog Day, 1993)

● **장르 / 국가 / 감독**	코미디 · 멜로 / 미국 / 해롤드 래미스
● **상영시간**	101분
● **등장인물**	필 코너스(기상 통보관), 리타(PD),
● **공식 등급**	한국 : 15세 관람가 / 해외 : PG
● **차 선생님 추천 등급**	12세 이상

● **감상 가이드**

매일매일 같은 날이 반복되는 필은 몇 가지 심적 변화를 겪는다. 영화에서는 매일 같은 날이 이어지고 같은 사건이 벌어지는데, 어찌 보면 우리의 일상도 같은 날의 반복은 아니었는지 자문하게 한다. 영화를 보고 나서 아이와 함께 '우리에게 이런 일이 벌어진다면 어떻게 할 것인지'를 이야기해보면 매우 흥미 있는 대화를 나눌 수 있을 것이다.

● **지도 가이드**

① 만약 같은 날이 계속 반복된다면 내게 어떤 변화가 생길지 생각해보자.

② 필이 자살하려고 했던 이유를 설명해보자.

③ 필이 어떻게 같은 날이 반복되는 삶에서 벗어날 수 있었는지 찾아보자.

옥토버 스카이 (October Sky, 1999)

● 장르 / 국가 / 감독	드라마 / 미국 / 조 존스톤
● 상영시간	108분
● 등장인물	호머(주인공), 존(호머의 아버지), 라일리(과학 교사)
● 공식 등급	한국 : 전체관람가 / 해외 : PG
● 차 선생님 추천 등급	11세 이상

● **감상 가이드**

미국항공우주국(NASA)의 과학자가 된 호머의 실화를 바
탕으로 한 영화다. 광부의 아들로 태어난 호머는 고등학교
를 마치면 아버지와 마찬가지로 탄광촌에서 평생 일해야
할 운명이다. 그러나 호머는 정해진 운명을 거스르고 자신
이 이루고자 하는 목표를 향해 매진한다.

실화를 바탕으로 한 영화는 아무래도 스토리가 사실적이
라서 몰입도는 높지만 배경지식이나 상황을 이해하지 못
하면 등장인물이 왜 그런 행동을 해야만 했는지 이해하기
어렵다. 따라서 감상 전에 미리 영화를 보는 데 필요한 배
경지식을 알려주면 좋다. 이 영화를 볼 때는 미리 '스푸트
니크 충격'에 대해 설명해주는 것이 좋다.

● **지도 가이드**

① 아버지와 호머가 서로 다른 의견을 보이는 이유를 생각해보자.
② 호머가 발사한 로켓이 화재의 원인이 되지 않은 이유를 설명해보자.
③ 아버지와 호머가 서로를 이해하게 된 이유를 생각해보자.

브루스 올마이티 (Bruce Almighty, 2003)

● 장르 / 국가 / 감독	코미디 / 미국 / 톰 섀디악
● 상영시간	100분
● 등장인물	브루스(주인공), 그레이스(여자 친구), 청소부(하느님)
● 공식 등급	한국 : 전체관람가 해외 : PG-13등급
● 차 선생님 추천 등급	12세 이상

● 감상 가이드

영화는 신이 주신 능력이 결코 행복을 가져다주지는 않는다는 사실과 오히려 많은 능력을 가질수록 많은 책임이 따른다는 사실을 간접적으로 보여준다. 아이들과 함께 영화를 본 후 '자신에게 가장 필요한 능력이 무엇인지' 이야기해 보자. 그리고 그러한 능력이 있다면 행복해질 수 있을지를 물어보자. 그러면서 과연 행복하게 살려면 어떤 능력이 필요한지 고민하게 해보고, 진정으로 행복하려면 능력 이상의 다른 무언가가 필요하다는 것을 느끼게 하는 것이 좋다.

● 지도 가이드

① 브루스가 신의 능력을 받아서 행복할지 생각해보자.
② 만약 자신에게 신의 능력이 생긴다면 해보고 싶은 일이 무엇인지 말해보자.
③ 다른 사람보다 많은 능력을 가진다면 어떤 좋은 점과 나쁜 점이 있을지 말해보자.

골! (Goal!, 2005)

● 장르 / 국가 / 감독	드라마 · 스포츠 / 영국 / 대니 캐논
● 상영시간	117분
● 등장인물	산티아고 뮤네즈(주인공), 글렌포이(스카우트 담당자)
● 공식 등급	한국 : 12세 관람가 / 해외 : PG-13
● 차 선생님 추천 등급	11세 이상

● 감상 가이드

이 영화에서 주목할 점은 자신의 재능을 믿으며 꿈을 이루려고
했던 산티아고의 노력과 의지다. 비록 흥행에는 성공하지 못했
지만 교육적 가치가 높은 좋은 영화다. 편법을 쓰지 않고 불굴
의 노력을 거듭해 마침내 꿈을 이루는 이야기가 아이들에게 긍
정적인 메시지를 심어주기 때문이다. 데이비드 베컴, 곤잘레스
라울, 지네딘 지단과 같은 유명 축구 선수들이 카메오로 출연하
기 때문에 축구를 좋아하는 남자아이들에게는 더없이 좋은 영
화가 될 것이다.

● 지도 가이드

① 산티아고가 자신의 꿈을 이룰 수 있었던 원동력은 무엇인지 찾아보자.
② 아버지와 산티아고가 서로를 이해하지 못했던 부분과 화해하게 된 이유를 알아보자.
③ 자신의 꿈을 이루려면 무엇에 도전해야 할지를 찾아보고 자신에게 편지를 써보자.

워크 투 리멤버 (A Walk To Remember, 2002)

● 장르 / 국가 / 감독	드라마 · 멜로 / 미국 / 아담 쉘크만
● 상영시간	101분
● 등장인물	제이미(목사의 딸), 랜든(제이미 남자 친구)
● 공식 등급	한국 : 12세 관람가 / 해외 : PG
● 차 선생님 추천 등급	12세 이상

● 감상 가이드

남녀가 사랑이라는 애틋하고 아름다운 감정을 가지고 서로를
위하는 모습을 보여주되 말초적인 감각을 자극하지 않는 영화
를 찾기가 힘든데 〈워크 투 리멤버〉는 그런 면에서 훌륭한 작
품이다. 전형적인 사랑 이야기지만 사랑으로 인해서 세상을 보
는 시선을 바꾸고 서로를 용서하는 아름다운 이야기라서 전혀
유치하게 느껴지는 않는다. 아름다운 사랑 이야기를 아이와 함
께 보는 것도 매우 유익한 경험이 될 것이다.

1. 랜든과 제이미의 사랑을 어떻게 생각하는지 말해보자.
2. 랜든이 자신의 친구들, 그리고 부모와의 갈등을 어떻게 해결했는지 찾아보자.
3. 랜든이 제이미를 잃고 난 후 사랑을 무엇으로 표현했는지 발견해보자.

스쿨 오브 락 (The School Of Rock, 2003)

● 장르 / 국가 / 감독	코미디 · 가족 / 미국 / 리처드 링클레이터
● 상영시간	108분
● 등장인물	듀이 핀(록밴드 단원/음악 교사), 멀린스(교장)
● 공식 등급	한국 : 전체관람가 / 해외 : PG-13
● 차 선생님 추천 등급	11세 이상

● 감상 가이드

영화를 보면서 즐거움을 만끽하는 것만으로도 교육적 목표를 달성할 수 있는 영화다. 영화에서는 듀이로 인해 변해가는 아이들에게 초점을 맞추지만, 변해가는 듀이의 모습에 초점을 맞추어 대화를 나누는 것도 좋다. 이야기 구조가 단순해서 아이들도 쉽게 이해할 수 있다.

● 지도 가이드

① 편견을 가지지 말고 즐겨라.
② 듀이(선생님)와 아이들에게 힘을 불어넣은 것은 무엇인지 말해보자.

루키 (The Rookie, 2002)

● 장르 / 국가 / 감독	드라마 · 스포츠 / 미국 / 존 리행콕
● 상영시간	127분
● 등장인물	짐 모리스(야구 감독 / 프로야구 선수)
● 공식 등급	한국 : 전체관람가 / 해외 : G
● 차 선생님 추천 등급	11세 이상

● 감상 가이드

어릴 적 유망한 야구 선수였던 짐 모리스가 어깨 부상으로 인해 선수 생활을 포기하고 고등학교 교사로 야구부를 이끌다가 메이저리거가 된다는 이야기다. 모리스는 실존 인물로서 탬파베이 레이스 소속으로 두 시즌을 뛴 메이저리거다. 영화를 본 후 아이가 부모에게 '어릴 적 꿈은 무엇이었는지' 인터뷰하는 방식으로 대화를 나눠보면 재미있고 유익할 것이다.

● 지도 가이드

① 짐 모리스의 꿈은 무엇이었으며 다시 메이저리그에 도전한 이유는 무엇인지 찾아보자.
② 꿈을 이루기 위해 짐 모리스가 무엇을 했는지 설명해보자.
③ 자신의 꿈을 이루기 위해 해야 할 일은 무엇인지 써보고 다짐해보자.

피아노의 숲 (ピアノの森, 2007)

● 장르 / 국가 / 감독	애니메이션 · 음악 / 일본 / 코지마 마사유키
● 상영시간	100분
● 등장인물	카이(피아노 천재), 슈헤이(도쿄에서 전학 온 친구), 아지노(음악 교사)
● 공식 등급	한국 : 전체관람가
● 차 선생님 추천 등급	11세 이상(더빙판 없음)

자신의 재능과 그것을 이루기 위한 노력, 자신보다 재능이 뛰어난 천재와 그 천재가 바라보는 세상, 그리고 두 사람의 공통점과 우정에 대해서 이야기하는 영화다.

아이들은 자신의 재능을 과소평가하거나 과대평가하는 경향이 있는데, 그 원인을 살펴보면 가정이나 주위 분위기 때문에 그러는 경우가 많다. 이 영화는 아이들이 지닌 불안과 자신의 재능에 대해서 이야기해볼 수 있도록 하는 교육적 가치가 높다. 카이와 슈헤이는 서로 시기하고 질투하기보다는 상대방을 인정하고 서로에게서 장점을 찾으며 더 발전해간다. 이 점을 부각할 수 있는 방향으로 대화를 유도하는 것이 좋다.

● 지도 가이드

① 카이에게 피아노란 무엇인지 이야기해보자.
② 슈헤이에게 피아노란 무엇인지 이야기해보자.
③ 카이와 슈헤이가 친구가 될 수 있었던 이유가 무엇인지 말해보자.

쿨 러닝 (Cool Runnings, 1993)

● 장르 / 국가 / 감독	코미디 · 스포츠 / 미국 / 존 터틀타웁
● 상영시간	95분
● 등장인물	데리스, 상가, 주니어 비빌, 율 브레너, 블리처(코치)
● 공식 등급	한국 : 전체관람가 / 해외 : G
● 차 선생님 추천 등급	11세 이상

● 감상 가이드

영화를 관통하는 주제는 바로 '실패'다. 아이들은 실패를 두려워한다. 실패가 두려워 아예 시도조차 하지 않으려는 아이들이 많다. 부모들의 지나친 보호 때문에 유약해진 아이들은 반짝이는 재치가 있더라도 그것을 지속할 수 있는 열정이 부족하다. '왜 해야 하는지', '실수와 실패는 나에게 어떤 의미가 있는지'를 생각해봐야 '성공'과 '승리'의 진정한 가치를 알 수 있다.

'실패'는 '성공'하기 위한 과정이란 점을 느끼게 해주고, 부모가 실패한 경험을 이야기해주는 것도 좋다. 실패하는 것 자체는 부끄러운 일이 아니며 실패를 통해 개선할 점을 찾는 것이 중요하다는 사실을 알게 해야 한다.

● 지도 가이드
① 봅슬레이가 어떤 경기인지 이야기해보자.
② 4명의 자메이카 선수들이 봅슬레이 경기에 참가한 이유를 알아보자.
③ 코치가 16년 전에 생각했던 승리와 자메이카 선수들이 생각했던 승리에 어떤 차이가 있는지 생각해보자.

맨발의 꿈 (A Barefoot Dream, 2010)

● 장르 / 국가 / 감독	드라마 · 스포츠 / 한국 / 김태균
● 상영시간	121분
● 등장인물	원광(전직 축구 선수), 인기(대사관 직원), 라모스, 모따비오, 뚜아
● 공식 등급	한국 : 전체관람가
● 차 선생님 추천 등급	11세 이상

● 감상 가이드
스포츠를 통한 자기 극복, 팀워크를 통한 동료애, 목표를 향한 도전정신, 절제, 배려 등 여러 가지를 느낄 수 있는 영화다. 영화는 더 이상 떨어질 곳이 없는 밑바닥에서 다시 피어나는 희망을 형상화했다.
자신이 처한 현실을 매우 비관적으로 보는 아이들이 있다. '부족한 부모 때문에', '찌질하고 나쁜 친구들 때문에', '선생을 잘못 만나서' 같은 이런저런 핑계로 자신의 무능력과 무기력을 합리화하려 한다. 이 영화는 특히 이런 경향이 있는 아이들에게 교육적 가치가 높다. 영화를 보고 대화를 나눌 때는 '고난의 극복'에 초점을 맞춰야 한다.

● 지도 가이드
1. 라모스와 모따비오가 서로 원수처럼 지내는 이유를 알아보자.
2. 원광이 동티모르에서 아이들에게 축구를 가르친 이유를 알아보자.
3. 원광과 동티모르 아이들의 관계를 어떻게 생각하는지 이야기해보자.
4. 라모스, 모따비오, 혹은 뚜아에게 자신이 영화를 보고 느낀 감정을 담아 편지를 써보자.

바이센테니얼 맨 (Bicentennial Man, 1999)

● 장르 / 국가 / 감독	SF · 드라마 / 미국 / 크리스 콜럼버스
● 상영시간	110분
● 등장인물	앤드류(로봇), 리처드(아버지), 아만다(딸), 포샤(손녀)
● 공식 등급	한국 : 전체관람가 / 해외 : PG
● 차 선생님 추천 등급	11세 이상

● 감상 가이드

로봇을 다룬 영화는 많지만 대부분 너무 어렵게 이야기를 풀거나 볼거리에 치중해 수업에 적당한 영화를 찾기는 쉽지 않다. '로봇과 인간의 관계'라는 어려운 문제를 다루어야 하는데 초등학생들은 그저 로봇을 즐거운 장난감 정도로 생각하는 경향이 있어서 그것이 쉽지는 않다. 이 영화에 나오는 로봇 앤드류는 우연한 사건으로 인해 인간의 특성인 '호기심'을 갖게 되고, 이로 말미암아 인간과 같은 사고를 할 수 있게 된다. 그리고 '사랑'의 감정을 품고 인간이 되고자 한다.

아이들과 대화를 할 때 어떤 생각이 '옳다'거나 '그르다'고 단정적으로 언급하는 것은 좋지 않다. 앤드류의 생각을 대변해보고, 반대 생각을 제시해보는 것만으로도 충분하다. 나와 다른 남의 입장을 생각해보는 것만으로도 타인을 배려하는 마음을 기르고 자신의 정체성을 형성하는 데 도움을 준다.

● 지도 가이드
① 앤드류가 인간이 되고자 했던 이유를 이해해보자.
② 내가 만약 리처드였다면 어떤 선택을 했을지 생각해보고, 나의 선택이 어떤 영향을 미칠 것인지 상상해보자.

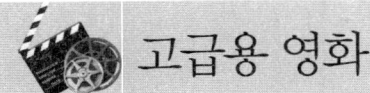

고급용 영화

고급용 영화는 초등학생이 볼 수 있는 범위 안에서 수준이 높은 영화임을 의미한다. 물론 중학생 이상 혹은 성인들이 보기에도 적당한 영화다. 고급용 영화에는 인간 본성에 대한 깊이 있는 통찰이 담긴 영화, 자연과 인간의 조화를 다룬 영화, 사회의 여러 모순을 지적한 영화 등이 포함된다.

중급용까지는 비교적 긍정적인 메시지를 담은 영화들 위주로 보여주었다면 고급용부터는 조금 어두운 메시지를 담고 있다 해도 토론할 만한 가치가 있는 영화라면 보여줄 수 있다. 그러나 선정성, 공포, 폭력, 부정적 시각이 지나치거나 너무 어렵거나, 민감한 사회적 이슈 혹은 동성애 등을 다룬 영화는 가급적 피한다.

■ **고급용 영화의 선택 기준**

• 사회 전반에 걸친 문제점, 우리가 처한 현실에 대한 인식을 새롭게 해주는 영화
• 제3세계 영화 중 작품성을 인정받고 그 내용이 아이들에게 자극을 줄 수 있는 영화
• 남녀 간의 사랑을 다룬 영화 중 특별하고 아름다운 내용을 비교적 진지한 영상으로 표현한 영화
• 우리나라 역사의 세밀한 부분이나 이슈가 될 만한 부분, 세계사에 대한 전반적인 이해가 필요하나 함께 보면 감동을 느낄 만한 영화
• 과학적 지식과 함께 도덕적 선택이 필요한 내용을 담은 영화

인생은 아름다워 (Life Is Beautiful, La Vita E Bella, 1997)

● 장르 / 국가 / 감독	코미디 / 이탈리아 / 로베르토 베니니
● 상영시간	122분
● 등장인물	귀도(아버지), 도라(어머니), 조슈아(아들)
● 공식 등급	한국 : 전체관람가 / 해외 : PG-13
● 차 선생님 추천 등급	11세 이상

● 감상 가이드

이탈리아 출신 감독이자 배우인 로베르토 베니니의 대표
작이다. 이탈리아 영화인데도 1999년 아카데미에서 남
우주연상과 음악상을 수상했고, 1998년 51회 칸 영화제
에서는 심사위원대상을 수상했으며, 그 외 여러 영화제
에서도 무수히 많은 상을 받았다.

이 영화를 보고 난 뒤에는 '가족 간의 사랑'을 주제로
이야기하는 것이 좋다. 귀도와 도라의 사랑이 진실했는
지를 결혼이라는 사건을 통해 탐색해보고, 죽음으로 끝
나는 귀도의 인생을 왜 '아름다운 인생'이라고 했는지
생각해보자. 영화를 통해 자신의 가족을 생각해보고 부
모님을 생각해보는 시간을 갖고, 유대인이 아닌 도라가

귀도와 조슈아와 함께 수용소로 간 이유를 이야기해보는 것도 좋다.

● 지도 가이드

① 아버지 귀도가 도라와 결혼한 이유를 설명해보자.
② 가장 감명 깊은 장면을 찾아 이야기해보자.
③ 제목과 내용이 어떤 관계에 있는지 자신의 생각을 이야기해보자.

에이 아이 (A.I., 2001)

● 장르 / 국가 / 감독	SF / 미국 / 스티븐 스필버그
● 상영시간	144분
● 등장인물	데이비드(로봇), 모니카(엄마), 테디베어(친구), 지골로(친구)
● 공식 등급	한국 : 전체관람가 / 해외 : PG-13
● 차 선생님 추천 등급	12세 이상

● 감상 가이드

이 영화의 주인공은 인간의 모습을 한 데다 감정이 있으며 사랑의 감정을 품을 수 있도록 프
로그래밍된 사이보그 데이비드다. 영화 감상 후 대화를 나눌 때는 '데이비드가 그토록 인간
이 되고자 하는 이유는 무엇인지'에 초점을 맞추어야 한다. 과연 인간은 '순수한 사이보그'
보다 우월하다고 할 수 있을까? 이러한 질문이 영화 전체를 관통하는 중요한 키워드다.

● **지도 가이드**

① 데이비드가 진짜 인간이 되고자 한 이유를 알아보자.

② 데이비드와 같은 로봇 친구가 있다면 나는 어떻게 대할 것인지 말해보자.

③ 데이비드에게 인간을 대표해서 편지를 써보자.

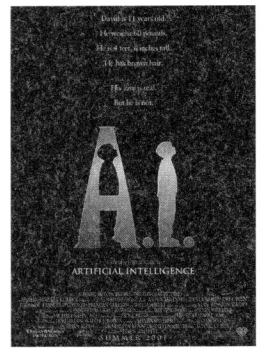

비투스 (Vitus, 2006)

● 장르 / 국가 / 감독	드라마 · 음악 / 스위스 / 프레디 M. 무러
● 상영시간	121분
● 등장인물	비투스(음악 천재), 괴짜 할아버지, 비투스의 부모
● 공식 등급	한국 : 전체관람가
● 차 선생님 추천 등급	12세 이상

● **감상 가이드**

비투스는 천재적인 음악적 자질을 가진 소년이다. 비투스도 보통 아이들처럼 갈등과 시련을 겪지만 할아버지와 정신적 교감을 나누며 자신의 의지로 갈등과 시련을 견뎌내고 이겨낸다. 그에게 할아버지란 존재가 없었다면 그 역시도 이름 없이 사라진 천재들 중 한 사람이 되었을 것이다. 비투스의 모습을 보며 아이들은 '나만 힘든 것이 아니었군'하는 위안을 느낄 것이다.

● **지도 가이드**

① 비투스가 머리를 다친 후 보통 아이처럼 행동한 이유가 무엇인지 알아보자.

② 비투스가 할아버지를 가장 좋아한 이유가 무엇인지 알아보자.

③ 비투스와 어머니가 무엇 때문에 갈등을 겪었는지 찾아보자.

④ 비투스는 어떤 삶을 살고자 했는지 설명해보자.

버킷 리스트 – 죽기 전에 꼭 하고 싶은 것들 (The Bucket List, 2007)

● **장르 / 국가 / 감독**	모험 · 드라마 / 미국 / 롭 라이너
● **상영시간**	96분
● **등장인물**	카터(자동차 정비사), 에드워드(재벌 사업가)
● **공식 등급**	한국 : 12세관람가 / 해외 : PG–13
● **차 선생님 추천 등급**	12세 이상

● **감상 가이드**

죽음을 앞둔 두 노인의 이야기를 소재로 한 영화로 노배우
잭 니콜슨과 모건 프리먼의 열연이 눈부시다.

'나는 현재를 얼마나 충실하게 살고 있는지' 자문하게 하는
영화로, 아이들과 대화할 때도 이 부분에 초점을 맞추어 이
야기를 나누는 것이 좋다.

● **지도 가이드**

① 자신의 버킷 리스트를 만들어보자.
② 가장 아름다운 소녀와의 키스는 무엇을 뜻하는 것인지 알
아보자.
③ 에드워드와 카터의 우정을 어떻게 생각하는지 이야기해보자.

빅 피쉬 (Big Fish, 2003)

● **장르 / 국가 / 감독**	판타지 / 미국 / 팀 버튼
● **상영시간**	125분
● **등장인물**	윌(아들), 에드워드(아버지), 거인, 서커스 단장, 샴 쌍둥이 자매, 괴짜 시인
● **공식 등급**	한국 : 12세 관람가 / 해외 : PG–13
● **차 선생님 추천 등급**	12세 이상

● **감상 가이드**

아이들은 어른들보다 상상력이 훨씬 풍부하다. 이러한 풍부한 상상력을 공상과 망상이 아닌 단단한 구조를 가진 창의성으로 발전시키는 것이 좋은데, 그러려면 '판타지' 장르의 영화가 적당하다. 팀 버튼 감독의 〈빅 피쉬〉는 재미도 있으면서 상상력을 창의성으로 발전시키는 데 도움이 되는 판타지다.

현재에서 과거로 넘어갔다가 다시 현재로 돌아오기를 반복하는 영화 기법을 '플래시백'이라 한다. 플래시백이 나오는 영화는 아이들의 감상 능력을 테스트해보기에 좋다. 스토리를 놓치지 않고 따라가야 할 뿐만 아니라 앞뒤 내용을 붙여 이해해야 하기 때문이다. 그런 면에서 이 영화는 매우 훌륭한 상상력 보조제다.

● **지도 가이드**

① 제목과 영화의 줄거리를 생각하며 관련된 영화 속 이야기를 찾아보자.
② 윌은 어떻게 아버지에 대한 생각을 바꾸게 되었는지 설명해보자.
③ 윌의 아버지가 살아온 인생을 어떻게 생각하는지 말해보자.

국경의 남쪽 (South Of The Border, 2006)

● **장르 / 국가 / 감독**	드라마 / 한국) / 안판석
● **상영시간**	109분
● **등장인물**	김선호(만수예술단 연주가), 이연화(선호의 북쪽 연인), 서경주(선호의 남쪽 부인)
● **등급**	한국 : 12세 관람가
● **차 선생님 추천 등급**	12세 이상

● **감상 가이드**

초등학교에서 아이들에게 반공 교육을 하기에는 시대가 너무 발전해버렸다. 남북이 분단된 현실의 이해를 돕는 통일 교육 차원에서 이 영화를 선정하였다. 남녀 간의 사랑이 주된 테

마인 이 영화에서는 한 남녀 간의 사랑이 그들의 의지만으로 이루어지지 못하는 현실, 그것이 남북의 분단으로 인한 아픔임을 보여준다. 영화 속 현실이 다른 나라 일이 아닌 바로 우리의 현실임을 아이들에게 자각시켜주는 데 큰 의미가 있다. 과거 신문 자료('네이버 뉴스 라이브러리' 등)를 통해 이산가족 등을 검색어로 해서 검색해보면 신문자료학습(NIE)으로 발전할 수 있다.

● 지도 가이드

① 선호는 왜 연화에게 사실대로 말하지 못하였는지 생각해 보자.

② 선호와 연화의 입장이 되어 이야기를 해보자.

③ 남북 분단으로 인한 아픔 중 이와 다른 종류의 아픔은 무엇이 있는지 찾아보자.

빌리 엘리어트 (Billy Elliot, 2000)

● 장르 / 국가 / 감독	드라마 / 영국 / 스티븐 달드리
● 상영시간	110분
● 등장인물	빌리 엘리어트(주인공), 월킨스 부인(발레 선생님) 아버지, 마이클(빌리의 친구)
● 공식 등급	한국 : 12세 관람가 / 해외 : R
● 차 선생님 추천 등급	12세 이상

● 감상 가이드

영국 탄광촌을 배경으로 발레리노가 되고픈 한 소년의 성장기를 그린 작품이다. 탄광 파업 노동자의 형제이자 아들인 영국 로열 발레단 소속 무용수 필립 말스덴의 실화를 바탕으로 만들어졌다.

이 영화를 볼 때는 빌리가 발레를 배우며 성장해가는 과정에 초점을 맞추는 것이 좋다. 빌리의 친구 마이클이 목에 키스를 해주는 장면은 동성애의 관점에서 설명하기보다는 '친구로서 진정 어린 격려' 라는 관점에서 설명해주는 것이 좋다.

● 지도 가이드

① 복싱을 하던 빌리가 발레리노가 되려 하는 이유를 오디션 장면을 생각하며 찾아보자.

② 자신이 진정 원하는 일을 할 때 생기는 문제를 해결하는 방법을 생각해보자.

③ 빌리에게서 본받을 점이 무엇인지 생각하며 편지를 써보자.

굿 윌 헌팅 (Good Will Hunting, 1997)

● 장르 / 국가 / 감독	드라마 / 미국 / 구스 반 산트
● 상영시간	126분
● 등장인물	윌 헌팅(청소부/수학 천재), 숀 맥과이어(심리학 교수), 척키(헌팅 친구), 램보(수학과 교수)
● 공식 등급	한국 : 15세 관람가 / 해외 : PG-13
● 차 선생님 추천 등급	12세 이상

● 감상 가이드

이 영화는 천재적인 능력이 행복의 척도가 아니라는 사실을 일깨워준다. 천재든 둔재든 보통 사람이든 좋은 스승과 친구들을 만나 서로 보완하고 배워나가면서 비로소 자신의 능력을 발휘할 수 있게 되는 것임을 알게 해준다. 이 영화는 결국 자신을 가로막고 있는 벽을 뚫고 나와야, 껍질을 깨고 나와야 비로소 자신의 진정한 가치를 발휘할 수 있다는 것을 알려준다.

● 지도 가이드

① 천부적인 능력을 지닌 헌팅이 능력을 발휘하는 데 걸림돌이 된 것이 무엇인지 찾아보자.

② 헌팅과 맥과이어의 관계를 어떻게 생각하는지 말해보자.

③ 헌팅이 괴로워하던 문제를 어떻게 해결하였는지 찾아보자.

④ 만약 내가 헌팅이고 맥과이어를 만나지 못했다면 어떻게 되었을지 상상해보자.

아이 엠 샘 (I Am Sam, 2001)

● 장르 / 국가 / 감독	드라마 / 미국 / 제시 넬슨
● 상영시간	131분
● 등장인물	샘(아빠), 루시(딸), 애니, 이이프티, 로버트(샘의 친구), 리타(샘의 변호사)
● 공식 등급	한국 : 12세 관람가 / 해외 : PG-13
● 차 선생님 추천 등급	12세 이상

● **감상 가이드**

이 영화를 아이들과 볼 때는 몇 가지 관점을 제시해주는 것이 좋다. 첫 번째는 '아빠 샘의 눈으로 보는 세계'다. 샘은 자신이 좋은 부모가 될 수 없다고 생각하는 사회와 법원을 향해 "좋은 부모란 한결같아야 하며, 기다릴 줄 알아야 하고, 귀 기울일 줄 알아야 한다"고 말한다. 샘보다 똑똑하고 많이 배우고 사회적·경제적 지위가 높은 사람도 샘의 주장에 반론을 제기하지 못한다.

두 번째 관점은 '똑똑한 딸 루시의 눈으로 보는 세계'다. 세 번째는 '변호사 리타의 눈으로 보는 세계'다. 영화를 보기 전(혹은 본 후) 자신은 어떤 관점에서 영화를 볼지(혹은 보았는지) 정하고 토론을 해본다면 멋진 토론 수업이 될 것이다. 물론 인간에 대한 사랑과 부정(父情)을 느끼는 것만으로도 정말 훌륭한 영화 감상이 될 수 있다.

● **지도 가이드**

① 샘에게 어떤 장애가 있는지 알아보자.
② 샘이 딸 루시와 같이 살지 못하도록 법원이 결정한 까닭은 무엇인지 찾아보자.
③ 부모란 무엇일까? 자신의 느낌을 설명해보자.

포레스트 검프 (Forrest Gump, 1994)

● 장르 / 국가 / 감독	드라마 · 코미디 / 미국 / 로버트 저메키스
● 상영시간	142분
● 등장인물	포레스트 검프(주인공), 제니(검프 여자 친구), 댄 중위(검프의 상관),
● 공식 등급	한국 : 12세 관람가 / 해외 : PG-13
● 차 선생님 추천 등급	13세 이상

● 감상 가이드

"바보는 지능이 낮을 뿐이다", "바보짓을 해야 바보다" 어머니에게 이런 가르침을 받고 자란 검프는 누가 봐도 바보임이 확실하다. 그러나 검프가 단지 바보로만 보이지 않는 것은 순수한 열정 때문이다. '검프보다 우수한 두뇌와 약삭빠른 계산 능력을 가지고 있는 나는 과연 검프보다 행복한가?' 이런 물음을 자신에게 던져보게 만드는 영화다.

이 영화에는 1960~1970년대에 미국에서 일어난 굵직굵직한 사건을 패러디한 장면이 많이 나오는데, 아이들은 이러한 장면을 온전히 이해하기 힘들 수도 있다. 또 상영 시간이 길기 때문에 중간에 휴식 시간을 주는 것이 좋다. 부수적인 이야기에 초점을 맞추기보다는 검프의 시각에서 볼 수 있도록 유도하면 좀 더 깊이 있는 감상이 될 것이다.

● 지도 가이드

① 검프의 일생을 통해 배울 수 있는 인생의 가치가 무엇인지 생각해보자.
② 내가 검프라면 무엇이 가장 힘들지 생각해보자.

레이 (Ray, 2004)

● 장르 / 국가 / 감독	드라마 · 음악 / 미국 / 테일러 핵포드
● 상영시간	152분
● 등장인물	찰스 레이(재즈 연주가)
● 공식 등급	한국 : 15세 관람가 / 해외 : PG-13
● 차 선생님 추천 등급	13세 이상

● **감상 가이드**

천재 뮤지션이었던 찰스 레이의 일대기를 다룬 영화로, 자연스럽게 음악의 매력에 빠져들게 만든다. 재즈에 대한 애정, 모성애, 장애의 극복, 마약중독의 무서움과 그것의 극복, 인종차별, 죽은 동생에 대한 죄책감과 그로 인한 공포감 등 대화를 나눌 만한 이야깃거리가 다양하다. 다양한 주제로 자유롭게 대화를 나누다 보면 사고의 폭을 넓힐 수 있을 것이다.

● **지도 가이드**

① 천재 뮤지션 레이를 통해 재즈음악의 아름다움을 느껴보자.
② 시각장애의 어려움을 극복한 레이의 인생을 이해해 보자.
③ 마약중독의 무서움을 알고 마약중독의 위험을 말해보자.
④ 맹인인 아들을 교육한 어머니에게서 본받을 점을 찾아보자.
⑤ 레이가 물을 두려워한 이유를 생각해보자.
⑥ 인종차별의 뜻을 알고 미국에서 인종차별이 일어난 상황을 영화 내용과 연관 지어 생각해보자.

아름다운 세상을 위하여 (Pay It Forward, 2000)

● 장르 / 국가 / 감독	드라마 / 미국) / 미미 레더
● 상영시간	122분
● 등장인물	사모넷(선생님), 알린(트래버 엄마), 트래버(주인공)
● 공식 등급	한국 : 12세 관람가 / 해외 : PG-13
● 차 선생님 추천 등급	12세 이상

● 감상 가이드

주인공 트래버가 새 학년이 되어 선생님이 내준 숙제(세상을 바꿀 아이디어를 생각하고 실천하라)를 해결하는 것이 큰 줄거리이며 '내가, 우리가 세상을 바꿀 수 있다', '나를 믿어라, 그리고 그 믿음을 다른 사람에게 전하고 실천하라', '아름다운 세상은 이렇게 만드는 것이다', '인간을 믿어라'가 영화를 관통하는 메시지다.

이 영화는 인물 중심으로 감상하는 것이 좋다. 트래버가 친구를 구하려다 칼에 찔려 죽는데, 영화에서는 트래버의 행동과 그것이 끼친 영향을 아름답게 묘사하지만 영화를 보는 아이들은 트래버의 죽음에 충격을 받을 수 있다. '착한 일을 하다가 죽을 수도 있다', '선행이 내게 해를 끼칠 수도 있다'는 선입견을 갖지 않도록 심도 깊은 대화가 필요하다.

영화의 나머지 축인 엄마와 사모넷 선생님의 이야기도 눈여겨봐야 한다. 교사와 학부모의 사랑을 아이에게 설명하는 것이 난감한 문제지만, 영화의 전체적인 맥락에서 살펴보면 둘의 사랑은 고통을 받으며 살아가던 사모넷과 알린이 서로 의지하면서 함께 아픔을 치유하는 것으로 이해할 수 있다. 두 군데 정도 추가 설명이 필요한데, 도입부에 알린이 술집에서 근무하며 남자들에게 희롱당하는 장면은 알린의 직업과 관련하여 설명하는 것이 좋다. 사모넷과 알린의 베드신은 사모넷 몸에 남은 화상 자국을 통해 서로의 고통을 확인하며 인간적인 신뢰감을 주는 장면으로 설명하는 것이 좋다.

● 지도 가이드

① 자신이 트래버라면 어떤 과제를 선택하겠는가?
② 선생님이 내준 숙제의 의미를 알아보자.
③ 트래버와 선생님이 숨기고 있는 두려움은 무엇인지 생각해보자.

교사라는 직업인으로 살아가면서, 또 한 아이의 아버지로 살아가면서 누군가를 가르치는 일이 어렵다는 사실을 깊이 느낀다. 초등학교 교사가 되고서 얼마 동안은 아이들에게 무엇을 가르쳐야 할지에 대해 깊이 고민하지 못했다. 모자란 점이 많은 철부지 교사였기에 그 약점을 메우는 데 급급했다.

그런데 교사 생활을 시작한 지 5년쯤 됐을 무렵, 성적에 과제에 찌든 아이들의 표정을 발견하게 되었다. 그러면서 '나는 아이들에게 무엇을 가르치고 있으며 앞으로 무엇을 가르쳐야 하는가?'라는 질문을 스스로 하게 되었다. 그때 깨달은 것이 '초등학교에서는 어떻게 하면 인생을 행복하게 살 것인가에 대한 기초와 기본을 쌓아야 한다'였다.

독자에 따라 뜬구름 잡는 소리를 한다고 힐난할 수도 있다. 그렇지만 '타인을 배려하고 소통하면서 공동체의 일원으로 살아가야 하는 우리가 궁극적 목적으로 삼아야 하는 것은 바로 행복'이라는 생각에는 변함이 없다.

하지만 교실에서 아이들에게 마음껏 '행복'을 이야기하기가 힘들다. 교육과정상 아이들이 해야 할 공부가 너무 많고, 교육 정책은 1년이 멀다 하고 바뀌고, 사회적으로 공교육을 믿지 못하는 분위기가 만연해 있다. 그리고 보이지 않는 곳에서는 학교폭력이 심심찮게 일어난다. 그렇다고 해서 아이들에게 "미래를 위한 투자라고 생각하고 열심히 공부만 해라!", "커서 어른이 되면 이 상황을 이해할 수 있을 테니 공부나 해!"라며 도망치고 싶지는 않다.

그래서 시작한 것이 영화 수업이다. 처음에는 그저 '재미없는 수업 말고, 영화나 한 편 보자'는 생각으로 시작했는데 영화를 보고 아이들과 대화하다 보니 아이들의 마음과 웃는 얼굴이 보였다. 그렇게 아이들은 조금씩 행복의 기본기를 배워가고 있다.

나 또한 아이들과 함께 성장하고 있다. '완벽한 어른으로서의 교사'를 포기하고 완벽하지 않은 어른으로서 '솔직하게' 아이들 앞에 서자 그때부터 아이들과 진정한 소통이 시작됐다. 영화 수업은 서로를 이해할 수 있는 무대다. 그 무대 속의 주인공은 '영화 주인공'에서 '아이들과 나'로 서서히 바뀌면서 '우리들의 이야기'가 되고 있다.

이제 아이들은 나를 '세상에서 영화를 제일 잘 가르치는 선생님'이라고 믿는다. 그러나 난 알고 있다. 그런 나를 아이들이 만들어주었음을.

"얘들아, 진심으로 고맙다!"

영화를 함께 보면 아이의 숨은 마음이 보인다

초판 1쇄 발행 | 2013년 2월 17일
초판 3쇄 발행 | 2020년 6월 11일

지은이　| 차승민
펴낸이　| 강효림

편　집　| 곽도경, 지태진
디자인　| 채지연
마케팅　| 김용우

종　이　| 한서지업(주)
인　쇄　| 한영문화사

펴낸곳　| 도서출판 전나무숲 檜林
출판등록 | 1994년 7월 15일 · 제10-1008호
주　소　| 03961 서울시 마포구 방울내로 75, 2층
전　화　| 02-322-7128
팩　스　| 02-325-0944
홈페이지 | www.firforest.co.kr
이메일　| forest@firforest.co.kr

ISBN | 978-89-97484-17-1 (13590)

인간의 건강한 삶과 문화를 한권의 책에 담는다

ADHD는 병이 아니다

ADHD로 고통받는 아이들과 부모를 비롯해 그들의 교사, 치료사, 의사들을 위한 책. ADHD는 병이 아니라 아이의 행동 특성이다. 그렇기에 성장기에 있는 아이들에게 약물로 치료하는 것은 옳지 않으며, 약물 치료의 위험성과 치료제의 부작용 때문에 지금 당장 약을 끊고 아이에게 사랑과 관심을 표현하라고 권유한다.

데이비드 B. 스테인 지음 | 윤나연 옮김 | 264쪽 | 13,000원

반항아 길들이기

아이의 자존감은 살리고 반항심은 확실히 잠재우는 양육의 기술. 어른의 말에 자꾸 토 달고, 지시를 번번이 무시하고, 되지도 않는 이유로 자기가 원하는 걸 하겠다고 우기는 아이들의 행동 때문에 고민인 교사, 학부모 등 어른들을 위한 현장 밀착형 양육서로 아이들의 반항적 태도 앞에서 어떻게 대응하느냐에 대해 세심히 조언한다.

루디 로데, 모나 자비네 마이스 지음 | 윤진희 옮김 | 276쪽 | 값 13,000원

내 아이를 행복하게 하는 엄마의 자격

엄마가 알아야 할 육아 멘토링! 아이도 즐겁고 엄마도 행복하기 위한 자녀 인성교육 지침서. 엄마가 가져야 할 인생관에서부터 육아 원칙, 살림솜씨, 재테크 노하우, 밥상머리 교육, 학부모로서의 역할, 엄마의 인간관계 등 77가지 항목으로 엄마가 갖춰야 할 자격을 다루고 있다.

다츠미 나기사 지음 | 윤혜림 옮김 | 212쪽 | 값 10,000원

상처받은 마음을 풀어주는 감성치유

불안하고 우울한 시대를 살아가는 현대인을 위한 감성 회복 실전서. 감성이 무엇인지, 왜 감성치유가 필요한지, 감성을 치유하고 감성의 힘을 회복하기 위해서는 어떻게 해야 하는지를 구체적으로 제시. 이 책에서 제시한 감성치유의 모든 과정이 끝났을 때 마음이 한결 가벼워지고 삶에 대한 새로운 의욕이 생기는 것을 경험할 수 있다.

강윤희 지음 | 민경숙 그림 | 280쪽 | 15,000원

나는 왜 상처받는 관계만 되풀이하는가

왜 우리는 연인, 친구, 상사와 부하, 부부관계에서 상처받는 관계를 맺게 되는가? 5가지 피해자 덫을 통해 우리가 어떻게 상처를 받고 그 상처를 어떻게 치유해야 하는지의 과정을 쉽게 설명하면서 피해자 덫에서 빠져나올 수 있는 방법을 사례를 통해 알려준다.

카르멘 R. 베리, 마크 W. 베이커 지음 | 이상원 옮김 | 236쪽 | 값 13,000원

내가 말하는 진심 내가 모르는 본심

문제 없이 잘사는 것 같은데 왠지 늘 마음 한쪽이 허전하고, 삶이 정체된 것만 같고, 뭔가 부족한 것만 같다. " 무언가가 내 행복을 훼방놓는 건 아닐까?"하는 의심까지 한다. 왜일까? 그리고 늘 뭔가를 갈망하는 이유는 뭘까? 이 책은 방어기제 뒤에 숨은 자신의'진짜 마음'을 보게 함으로써 온전한 행복을 느끼게 해준다.

매릴린 케이건, 닐 아인번드 지음 | 서영조 옮김 | 292쪽 | 값 14,800원

전나무숲 건강편지를
매일 아침, e-mail로 만나세요!

전나무숲 건강편지는 매일 아침 유익한 건강 정보를 담아 회원들의 이메일로
배달됩니다. 매일 아침 30초 투자로 하루의 건강 비타민을 톡톡히 챙기세요.
도서출판 전나무숲의 네이버 블로그에는 전나무숲 건강편지 전편이 차곡차곡
정리되어 있어 언제든 필요한 내용을 찾아볼 수 있습니다.

http://blog.naver.com/firforest

 '전나무숲 건강편지'를 메일로 받는 방법 forest@firforest.co.kr로 이름과 이메일 주소를
보내주세요. 다음 날부터 매일 아침 건강편지가 배달됩니다.

유익한 건강 정보,
이젠 쉽고 재미있게 읽으세요!

도서출판 전나무숲의 티스토리에서는 스토리텔링 방식으로 건강 정보를
제공합니다. 누구나 쉽고 재미있게 읽을 수 있도록 구성해, 읽다 보면 자연스럽게
소중한 건강 정보를 얻을 수 있습니다.

http://firforest.tistory.com

 스마트폰으로 전나무숲을 만나는 방법

네이버 블로그   다음 블로그

전나무숲
www.firforest.co.kr